U0726396

幸福
就是嫁对人

Happiness is marrying
the right man

杨瑞霞◎著

重庆出版集团 重庆出版社

前言　看别人 看自己

目录 CONTENTS

看别人　看自己

杨瑞霞

　　十年前，我还不知道，有一天，在走了那么多路之后，我会在《燕赵都市报》停留下来，做《人生采访》这样一个口述实录的栏目，做这么一件我喜欢做、也能够做好的事情。也许生活就是这样，有很多你料想不到的事情，在前面等着你。

　　而这本书，对于我和我的读者来说，我们都已经等了很久。当我开始为它的出版而整理这些年的采访手记时，一种淡淡的、对过往的追忆与怀想之情萦绕心底，低回婉转，温暖缠绵，令人感念不已。

　　此刻，我看着这些从几百个人生故事中精选出的爱情婚姻故事，想着陪我走过了这些年的人们，想着这些年通过《人生采访》看到的人生的种种景象，以及在倾听与表达的过程中让我萌生感动的许多细节……它们在我的眼前清晰可辨，仿佛触手可及，却已在不知不觉中成为永远的过去。

正是故事里这些不幸的或者幸运的女子，她们坎坷多变的经历，她们的感悟和忏悔，她们的爱恨情仇、悲欢离合，在走进我记忆的同时，给了我生命的滋养和补充，同时也丰富了很多人的生命。

我常常这样想，如果说这世上真的有轮回，其实不必等到来生，你常能看到别人经历过的那些与你正在经历的事情有着惊人的相似，而你曾经经历过的也许正在被另一个人在另一个地方重复着，所以我相信，很多人在这些故事里是看别人，也是在看自己。

为此，我对世间的所有悲欢离合，都怀有敬畏之意。有些遭遇我们从没有亲身经历过，也许仅仅是因为我们比他们多了一点儿幸运。

生命的存在有两种形式——生与死；感情的表达有两种方式——爱与恨；时光的流逝也有两种形式——白天和黑夜。

白天喧嚣而嘈杂，人们受外界生存压力和内心各种欲望的驱使，不停地奔波，而夜晚安详而内敛，夜色像从天而降的黑色帷幔，掩映着我们疲惫的身影，粗糙焦躁的心灵也在月光的浸润下慢慢平复，变得细腻、温婉……让我们得以观察内心和反省生活，让我们能清晰地看清自己，并捕捉到心底最隐秘、最脆弱的那部分所流露的真实感受。午夜梦回，天光未亮，这一刻，想一想，这世上此刻还有谁和你一样醒着呢？

一直以来，我都相信文字是有灵性的，它的灵性来自写作者本身的灵性，来自你对生活细致的观察和对生命深刻的体验，来自你宽容而善良的心，来自你对美丽生活的期许。所以我相信喜欢这些情感故事中的人都是活得认真的人，他们孤独，却不拒绝别人，他们行走凡尘，却向往着精神的彼岸，他们善良而喜欢思考，在与别人情感经历的对照中，发现和回味着自己。

这些年，正是许多这样的人或近或远地陪着我，从春到冬，走过了许多的白天和黑夜……

如果说当初我整理写作这些爱情婚姻故事时，更多的是对曾经走近又在不觉中离散的美好爱情的叹息、对两性伤害状态的记录、对不幸情感经历的剖析，那么现在的我更看重那些隐藏在故事后面的各种人生因缘，以及这些机缘如何影响着我们精神世界的蜕变，这样的理解不过是换了一个新的角度，却因此而赋予了它们更为开阔的内涵。

即无论通过爱情，还是婚姻，无论今生的所遇是善缘还恶缘，重要的是，走过它们，让我们更深刻、更清晰地了解人性，领悟生命，不断自我修正，让我们的生活从容而快乐。

从这个意义上说，本书中出现的这些不同性别、身份、年龄的主人公，在讲述自己的经历，获得某种心灵释放的同时，也为我们听故事的人提供了各自不同的看世界、看人生的角度，使我们的视野变得开阔，在庸常的生活中发现生命的复杂与神奇，并为此而感叹、惋惜和庆幸，从而找到了平衡自我身心的方式。

爱与恨的情感经历，从来都是生活的一部分，也是我们丰富精神世界，获得心灵成长的途径。重要的是要知道什么是自己想要的爱情和生活，并能为理想而坚持。

这个世界的美好，就在于生命之间的呼唤与回应，在于男人与女人的相互关联，相互挂念，相互包容。

毕竟，爱是人生最好的相逢。

而幸福——就是找一个温暖的人过一辈子。

在秋天醒来

不能想象一粒尘埃随风飘落。

祈祷发霉的种子，在来年的废墟上长出新绿。

可落魄的心，在何处寄存呢？

雾散的时候，总能看见窗外。

水停的时候，船自然也就停了。

在这个秋雨蒙蒙的周末，我在家里，翻来覆去地看着手里的几张纸片，上面的字迹有些凌乱和幼稚，只是一些语焉不详的只言片语。留下这些字迹的那个人已经远离了我们这座城市，此刻，她已置身于遥远的西部地区。我站在窗前，迷蒙的雨雾阻隔了视线，我看不清远方到底有些什么？

那天，我在医院里见到安雯时，天色已近黄昏，我走进病房，房间里只有安雯一个人静静地躺在病床上，床头吊着输液瓶，与我一路走过来看到的其他病房相比，她这里有几分寂静和冷清。我在安雯对面的床上坐下来，听她讲述着她所经历的一些事情，偶尔也和她轻声交谈几句。暮色渐浓，病房里的光线愈加暗淡，不知为什么，我和她都没想到要把灯打开，或许是怕那突然亮起的灯光惊扰了我们此时的心境吧。

安雯告诉我，10天前，她服下了200片安眠药，想结束自己的生命，结果被医生抢救了过来。虽然现在生命没有危险了，身体却还没有恢复，只好又住进了医院。来之前，我和她通过电话，我没有问起过她的病情，不过，我心里好像隐约有过一点儿这方面的预感。我一向认为生活中发生的一些看似不可理喻的事情，其实都不是偶然的，一定有着与其相关的背景。我很想知道这件事后面的内容，是什么让眼前这个清秀娇柔的女子为自己年轻的生命选择了那条不归路呢？

安雯说，可能是药物的影响还没有完全消除，她觉得大脑不如以前条理清晰，有时还会突然出现短暂的空白，她担心不能完整地表达自己的思想。我说，没有关系，你想到什么就说什么好了。于是，她开始了断断续续的叙述，我的思维也随之像蜘蛛一样来回穿行，把那些片段、场景连缀在一起，并沿着交错的脉络向前攀缘，试图通过这些印迹，探寻到她内心的隐秘，并为我的疑惑找到答案。

听那天把我送到医院的人说，当时我已经不行了，医生已准备放弃对我的抢救，后来在人们的苦苦哀求下，又多坚持了三分钟，就因为这三分钟，我又活过来了。醒来后，发现自己已换上了一身新衣服，周围有不少人，没等弄明白怎么回事儿，又睡着了。

现在我还能记起来，我是跑了好几家药店才买到那些安眠药的，一共买了250片，我计划先服下200片，万一死不成，再服口袋里的50片。买了药，我打了一辆车，让司机拉我去麦当劳餐厅，司机说，你是刚来的吧，这儿没有麦当劳，只有肯德基，我说，那就算了吧。

回到分公司，同屋的女孩子出去买菜了，我给老家的表哥发了个传真，我在上面写了一些话，让他转交给我的父母，我说，该做的我都已经做了，不管我做出什么样的选择，都请他们原谅我。我还在那些写给朋友的信上写好地址，把这些做完，我把药拿出来，很平静地喝了下去……

可能是刚刚经历了那场劫难的缘故，她说起当时的情形时，声调和语言都格外平静。但是，她用这种平淡的语气说起她的父母，让我难以接受。我问她："你说该做的你都做了，指的是什么？"安雯说："我18岁从家里出来打工，我用自己挣的钱，供妹妹读完了大学，还为父母盖了一所新房子。"我说："你是不是觉得，你父母最在意的就是这些？"我知道这样的问话，有些不符合我平时采访时的习惯，但我还是觉得要提出这个问题。安雯可能察觉到了我情绪的波动，急忙解释说："我以前是这么想的，不过我出事的第三天，我父亲从老家赶过来，他什么也不说，就坐在我床前掉眼泪，我才明白，其实他们不在乎我为家里做了什么，他们在乎的是我这个女儿。"沉默了一会儿，我示意她继续说下去。

我从小就是一个非常胆小的女孩子，怕打针，怕流血，生个小病我都特别害怕，有一次，看到路边有人宰羊，我一下晕过去了，可是那天，我却能那么平静地面对死亡，现在我自己都觉得不可思议。当时，我只是感觉疲惫、压抑，和说不出的沮丧，我只想好好地休息，我想上帝或许能看到这些年我为家人、为公司的付出，从而原谅我的那些错，让我的灵魂在天堂的某个角落里得以安息。

从刚见到安雯的那一刻，我就感觉她的身份好像是介于女人和女孩子之间，听她说到这儿，我忍不住问："告诉我，你多大了？"她说："23岁。"

我知道你一定很想了解我轻生的原因，几乎所有的家人、朋友听说这件事后都在问我到底为什么。这里面有很多原因，我被公司派往西部那个城市做销售经理，三个月下来，业绩很差，那边的业务都是在酒桌上谈成的，可我最怕喝酒。出事的前一天，老板打来电话，骂我连个残疾人都不如，因为他听说我的生意是让一个坐着轮椅的人抢走的。晚上在回公司的路上，公交车急刹车，我身边有个抱孩子的女人眼看就要摔倒，我使劲儿拉住了她，自己的头却被碰破了，那个女人可能是怕我让她付医药费吧，连声谢谢都没说，就下车走了。回到住的地方，我和同屋的女孩儿想做炒饼吃，却发现没油了，只得用酱油煮了锅饼条，当时我一边吃一边哭……

我听着她给我的这些解释，但是我不相信这些会是一个人放弃生命的理由，这些只是表面上的，它像一根导火索，引爆的一定是她心里日积月累的一些东西。我等待着她把我引领到她内心的深处。

这些年没有人知道我心里的痛楚，也没有人相信其实我活得特别自卑。我18岁那年来到省城，先是在一个小店打工，从那时起认识了我现在的老板，他经常去我所在的店买东西，脸上的表情特别忧郁，我当时很单纯，这样的男人在我看来很成熟也很神秘。慢慢地熟了之后，我才知道他和妻子的关系很不好，他说他因为怕老母亲伤心，才没有离婚，他还说，他来店里买东西，是为了能看到我。接着他注册了公司，还特意用我的生日做了开业的日子。后来，我离开了小店，来到了他的公司。再后来，就不由自主地成了他的情人……到现在我们的关系已保持了近五年。

这5年里，公司发展得很快，从最初的6个人到现在的近百人，资产从几万元发展到几千万元，这其中我也投入了很多的心血。公司里很多人都知道我和老板的关系，虽然这些年我凭本事自己养活自己，从没在公司多得过一分钱的好处，可是谁会相信呢？和朋友在一起，每当涉及感情的话题，我就无话可说，我知道没有人会真正瞧得起我。这几年我在外面四处奔忙，在几个城市为公司开拓市场，同时，因为和老板的关系，我还不得不一次次地做人流手术，每次都疼得死去活来，那些难堪的、痛苦的情景，我一辈子都忘不掉……

老板原来总让我等，他说会给我一个结果，先是说等他母亲去世，又说等孩子中学毕业，把孩子送到国外再说，现在孩子在国内读大学了，他就再也不提这个话题了。其实我心里很清楚，假如我真的和他生活在一起，也未必幸福，可是我真的不甘心，我想，哪怕我和他共同生活一天，也算给了自己一个交代。

出事儿那天就是他在电话里狠狠地骂了我。接完他的电话，我觉得心里空空的，从他说话的语气中，我知道他已经不在乎我了。5年的感情付出，除了伤痕累累，最后什么也没有得到。我站在高楼上向远处看去，我想，我多像对面废墟上的那堆垃圾，不论是在自己眼里，还是在他的眼里，都没有一点儿再生利用的价值了。

做好了自杀的准备以后，我才想到，这些年我在受伤的同时，实际上也深深地伤害了另一个人，一个和我一样的女人，这个人就是老板的太太。不是有这么句话，"人之将死，其言也善"，我特别想在生命的最后时刻，对她说声对不起，并希望她能原谅我。于是，我拨通了老板家的电话，接电话的正是他太太，她听明白了我的意思后，在电话里大声喊叫着："你早该死，你死得太迟了。"放下电话，我怔怔地呆了一会儿，然后，对自己说，你还等什么呢？

安雯断断续续地说到这儿，停顿下来，她侧过头来，望着我，那张轮廓分明的脸在暮色里时隐时现。我知道此刻她在等待着什么，像我以前曾经采访过的一些人一样，讲述到某一个阶段，他们往往停下来，想听我会怎么说。那么，对眼前的安雯，我又该说些什么呢？说青春是美好的，也是残酷的，因为太年轻，没有足够的经验面对复杂的社会现实吗？说人生是漫长的，但关键处却只有那么几步吗？我想这些她肯定早已想过了，而且，在经历了生死徘徊之后，她所领悟到的绝不仅仅是这些，只是她为此付出的代价未免太大了。

刚被医生抢救过来那几天，我好像一直处于一种麻木状态，身体特别虚弱，吃什么吐什么，那边的朋友和同事都劝我，还是回总公司吧。回到石家庄，我只得又住进了医院。这个病房里，原来还有两个癌症病人，而且都到了晚期，她们不知道自己已经面临着死亡，或者是知道却不愿意承认这个残酷的现实，每天还在顽强地配合着医生的治疗。夜里，听着她们痛苦的呻吟，我忍不住流下了眼泪，我在心里为她们祈祷，上天，让她们快好起来吧，不要再折磨她们。直到这时，我才明白我做了一件多么愚蠢的事，直到这时，我才明白，其实我是那么的热爱生命，害怕死亡。经历了几个这样的长夜，我的心由一块冰化成了水，大脑也能思考一些问题了。

这次住院，老板也来看过我几次，有时是一个人，有时是同公司的人一起，每次也没什么特别的表示，待上一会儿就走。我发现我已经不再计较他了，看着他时，仿佛那些死去活来的经历已是上一辈子的事儿了，为了这么一个人，值得吗？还有那些工作上的不顺，其实又算得了什么？比那更难的我都经历过，不是也都过去了吗？

以前，我总以为只要曾经快乐过，以后怎么样都无所谓。我快乐吗？只有自己最清楚自己的辛酸。我为什么不去为自己寻找一片属于自己的天空，建设自己的生活呢？

出事之后，父亲想把我带回家去，不让我一个人在外面闯荡了；老板也让我留在总公司，我都拒绝了。这两天，我感觉身体好多了，我准备明天出院，出院后马上离开石家庄，回分公司，把那边的事情处理完，我再考虑下一步的打算。

记得，那天我听安雯讲着她的故事，偶尔还听到了窗外白杨树的叶子落在玻璃窗上发出的碰撞声，我想，如果是白天，我能看到笔直的白杨树身上那些疤痕，历经风霜雨雪，它们已变幻成一只只大睁的眼睛。是谁曾说过，只有受过伤的人才会知道，伤疤也是有生命的。是啊，在以后的日子里，伤痕也许能够被抚平，然而，每当阴雨天来临，它依然会泛起阵阵酸痛，那便是它对我们的生命做出的提醒吧。告别了安雯，我走到病房门口，为她打开了顶灯，在灯光亮起来的那一瞬间，我看到了她脸上闪闪烁烁的泪痕。

请让我体面地走开

　　至今为止，在所有接受我采访的人当中，刘影是一个特例，她像一个隐身人，隐匿在电话的另一端用声音和气息与我交流。有那么陆续的几天，她的电话总是在我快要下班时打进来。她的声音很轻柔，我一边听一边想象着在另一端空寂的办公室里，她独自一人面对着电话说话时的样子。我曾经提出和她当面谈一谈，她很委婉地拒绝了，她说，她更喜欢现在这种方式。

　　我觉得我能够理解她为什么选择这样的方式，也许是因为她认为这样更自在，也更安全。她表述的方式以及内容，从一开始就让我感觉到她是一个很在意自己的女人。所以，直到我写这篇采访手记的时候，虽然我已经熟悉了她的声音，但我依然没有见过她，不知她长得什么样儿，不知她的确切年龄，甚至不知道她的真实姓名。

　　但是，我的直觉告诉我，我听到的是一个真实的故事。

第一个电话

她说："我很喜欢《人生采访》，你的每一篇采访文章我都看了。我觉得在你身上看到了一些我所不具备的东西，比如说女人的睿智和开阔，总之是一些很大气、很理性的东西。"

我还是第一次在电话里听到陌生的同性对我如此直白的赞扬，一时间我竟然有些不安，我说："我可能还没做到你说的那些，但是，那也是我所努力想要做到的。"

我听出她似乎是笑了一下，她说："其实，你不必急于为自己声明什么。我真的一直在你的文章中寻找那么一种东西，我寻找是因为我感觉自己缺乏那些，我觉得在你那里我找到了我想找的，所以我很想把我的心事告诉你。"

"那就说说你自己吧？"

"我吗，怎么说呢，我一直认为我是那种小女人，长得还算漂亮，性格比较温柔，喜欢安安静静地做事情，总之，在周围人的眼里我是个典型的小女人，女人味很浓，看上去挺小鸟依人的那一种。"

我告诉她，当我听她说到"女人味"这三个字时，忽然觉得内心很放松，这说明，它对所有女人来说都很重要，更符合我们与生俱来的天性。

她说："我原来也这么认为，从走向社会，我就很满足地做着小女人。可是后来，我越来越发现我身上缺乏许多东西，特别是缺乏那种自主地驾驭生活的能力，尤其是在感情方面，我被动地接受一些本来不想要的，而一旦接受了，又对这种感情充满依恋，非常害怕受伤害。"

"你是想把这段感情经历对我说吗？"

"是的。不过，确切地说，还不能算是经历，因为这件事到现在还

9

没有完全结束。是半年前发生的，用流行的说法是发生了'办公室恋情'……我现在心里很乱，另外再找时间说，好吗？"

第二个电话

"这两天我其实还在犹豫，要不要把我的事情说出来，有些话本来就是很难说出口的。更何况，我不知道你会因此怎样评价我这个人。"

我告诉她，此时，我只是一个听她说话的人，虽然我有时也会与她就某一个问题进行讨论，表明一下自己的观点，但是一般我不会对我的采访对象进行类似道德法庭那样的评判，我只是尽量客观地展示出被采访者提供的事实真相，从而让我的读者从中去发现或者感悟自己需要的一些东西。

听得出她是一个很敏感的女人，马上就明白了我的意思。

她说："好吧，那就先说说这件事是怎么发生的吧。我和他是同事，在一个办公室工作。他不是那种很出色的男人，各方面都比较一般，而我呢，不论是论长相还是论能力，在单位还是引人注目的。所以尽管我们每天在一起工作，关系也处得不错，但是，我从没想过我和他之间会发生什么。可是有一天，单位领导派他到外地出差，当时办公室里就我们两个人，他临出门的时候，忽然走过来紧紧抱住了我，还没等我反应过来，他低下头深深地吻了我一下，就转身走了。当时，我怔怔地站了半天，我不明白这到底是怎么了。后来，我给他的举动找了一个借口，可能是分别时的一时冲动吧，但愿他回来时，一切还像过去一样，因为我和他都是有家有孩子的人。过了些天，他回来了，我还和原来一样对他，可他却从此开始了对我狂热的追求。那时，他对我非常好，我有时留在单位加班，他就在我回家的路上等着，直到把我送回家，所作所为就像一个痴情的恋人。我很想拒绝他，可不知为什么我一直拒绝不了。在人们眼里，我是个很平静很安分的女人，可是，谁能想到在我的内心深处，我也像别的女人一样渴望浪漫和激情，终于，有一天，我接受了他……"

"你是说，你做了他的情人？"

她好像是迟缓了一下，然后有些自我解嘲地笑笑说："我觉得应该说是'沦落'为他的情人吧。因为从一开始我就知道，第一，我不该这么做，第二，他并不适合我。可以说我心里什么都明白，就是阻止不了事情的发展。后来，为了方便在一起，我们还在外面租了一间房子。那时，他真的对我很好，他并没奢望我能答应他，所以他能和我在一起感觉非常满足，而我的内心却很惶惑，认定我们不会有好的结局。有一次在亲热的时候，我说，我现在和你在一起，没有任何企图，也并不想从你这儿获取什么，我希望有一天，当我们分手的时候，能想着当初在一起的这些好，千万不要反目为仇，相互伤害，让我保留着最后的自尊，体面地从你身边走开，好吗？"

说到这儿，她停顿了一会儿，话筒里的气流声像风从我的耳边拂过，我想，她也许想听听我会怎么说，于是我说："我能听出来，你好像始终都很清醒，我倒真想问你一句，同时，我也是问自己，一个女人在拒绝的时候，真的就这么难吗？"

她说："这也许正是我的可悲之处吧。"

我又说："当你在两个人最好的时候，对那个男人说出那样的话，是不是也在对他的品性或者说素质有所怀疑？实际上，你是担心他做不到。"

她说："对，你的感觉很对。"

第三个电话

她说："在外面有了房子之后，我们寻找一切机会和借口去那里约会，觉得在一起的每一分钟都那么珍贵。特别是我，本来是不情愿地接受了他的，可一旦形成了那种关系，反倒越来越依恋他。而他则和我相反，原来他是一切以我为中心的，可是后来我发现与我相比，他老婆孩子的分量在他那儿渐渐加重，每当要在我和他的家人之间做选择的时候，我总是被放弃的一方。为此，我的心里越来越不平衡。有一天，我们在约好的时间来到小屋，那天，我正发高烧，他来了一会儿就要走，我心里特别希望他能留下来陪我，但是他说，没和家里说要在外面过夜，一定要走。后来，他就走了，他刚一出门，我的眼泪就流了出来。还有一次，他出差半个月，等到他回来的那天，我提前去小屋里等他，后来，他过来了，只待了一会儿，也是坚持要走，说是他老婆孩子在等着他。我们像所有的情人一样开始不断地争吵，又不断地和好。我忽然觉得很累，我想，该到我们分手的时候了。可是真想分手也很难，几次谈，几次分不成，在一起吧，又觉得挺痛苦。就在我给你打电话的那天，我突然间做出了一个决定，我给他老婆打了一个电话。因为他和我说，他老婆好像有所察觉，这几天天天追问他，是不是有了别的女人。我对他老婆说，你不是想知道你丈夫和谁在一起吗？我可以告诉你，这个人就是我。他老婆说想和我谈谈，我说没必要了，我已经决定离开他了。"

我说："据我所知，像这种事，是没有哪个女人愿意张扬的，你就不怕事情闹开了会影响你的声誉。"

她说："我也不想这样，可是我走不出去，我实在走不出去，我只好借助外力来推自己一下。"

12

"那么他呢,对此有什么反应?"

"他挺生气。前两天,还叫来了他的父亲和哥哥来找我,问我到底想干什么?我给他打电话,我说,我跟你在一起本来就不图什么,是为了当初的那份感情,现在我离开你,我也不向你要求什么,我只想恢复从前那种平静的日子,是你的出现扰乱了它。他听了我的话,竟然说:'如果没有我,就不会有张某某、李某某了吗,你以为你不是那种女人吗?'我说:'这是我们分手的最后一句话吗?'他想了想,说:'是。'我万没想到这是他给予我的最后评价,也没想到当初那么爱我的人会这么忍心地伤害我,这是最让我受不了的。"

"你就没想过你会为自己曾经的迷失付出代价吗?"我问。

"我想过,我也情愿为自己的错误承担后果,可是,我不能接受的是,这惩罚竟来自于他,在这个世界上他是最没有资格评判我的那个人。"

"这很重要吗?"

"也许……对……我应该再想想这个问题了。不过,既然已经迈出第一步了,我想我会坚持下去的,不管付出怎样的代价,决不会再背叛自己。现在我真的很怀念过去,那种很单纯很融洽的办公室气氛,那些日子再也不会回来了。"

爱翻云覆雨　叫人身不由己
尝多少甜蜜　痛多少伤心
看穿吧
别再逃避　别再压抑
斩断你的死心塌地
今夜你该明白他留在谁的怀里

哭泣吧

狠狠放弃　好过委屈

轻轻的泪流干回忆

从今以后　挣脱爱的阴云

这天，我在一家音像店里，听到了这首名叫《看穿》的歌，我记下了其中的几句歌词，很想把它送给刘影，可是她再也没有给我打电话，所以我无从得知她的故事的最后结局。

阴谋与爱情

2007 年 2 月 14 日，情人节。

这是一个爱情泛滥的日子。这天我在博客里写了这样几句随感：

爱一个人，是从头到脚的喜欢与接受，如果不是，那不是爱。

爱一个人，是他的痛苦与欢乐，会在你这儿被放大一百倍，如果不是，那不是爱。

爱一个人，是因为他的存在，让你更爱你自己，如果不是，那不是爱……

然后，我开始整理一个故事。我把这个故事叫做《阴谋与爱情》，虽然我很不情愿地把这两个词连到一起，而且在情人节这天写这样一个故事，是件很煞风景的事情，但我还是选择了它。

我是相信爱情的。相信它的神圣，它的真挚，它的纯粹，一直认为它有一种超越现实的神秘力量，让我们的生命因此而美好，充满灵性。但在现实中，我却一次次听到、看到两性情感中的种种不美丽，甚至不善良，一直不明白为什么有那么多人在以爱情的名义做着伤害别人也伤害自己的事情，而自己却浑然不觉，还在说自己爱得多么投入，多么刻骨铭心，我想，这样的感情或许可以被称做"伪爱情"。

不管怎么说，当爱情与阴谋相连，事实的真相应该是很残酷的。

结婚是人生最幸福的事，而我当初却抱着离婚的目的，嫁给了老公

对于一个年轻女孩子来说，结婚是人生最幸福的事，而我当初却抱着离婚的目的，嫁给了我的老公，这其中的苦涩只有我自己明白。

人生一步走错，将注定我一生的痛苦。

那是五年前的夏天。中学毕业后，我走向社会，一直找不到合适的工作，便抱着一丝希望到一家中介去找。中介把我推荐到一家出口公司办公室，就是这份工作给我带来了人生的转折。我认识了我的经理昊。他个子不高，有点胖，穿着比较讲究，给人的印象是那种相当精明的中年成功人士。

那时的我很单纯，没有丝毫的社会经验，来后不久，我便被他的幽默和英俊的外表所吸引，后来经不住他甜言蜜语的诱惑，便被他俘虏了。就这样，我们忘了年龄的差距，相爱并同居了，我把女人最珍贵的贞操给了他，虽然知道他有妻子和孩子，但我却深陷其中不能自拔。

我们相爱的那几年，他对我非常好。他说他一辈子都没这样宠过一个女人，对他妻子都没有这样好。也许他当时在骗我，但我相信他的话，并为此感动了。可我的第三者身份决定了我们的感情见不得阳光。我俩从来不敢一起逛街。他每次到我的住处来过夜，都像做贼一样，一定要在天亮前离开。有时他回家了，我想他，却连个电话都不

敢打给他，怕他老婆发现。所有的这些让深陷其中的我苦不堪言，但我像所有痴心女人那样愿意为他等，为他守候，不在乎得失。只要有他在便觉得幸福快乐。

记得有一年的中秋节晚上，我想和他一起过。因为这是个团圆的日子，我想两个相爱的人是应该在一起的。而他说，要回家陪父母，不能留下来。我虽然不高兴，但没说什么，让他走了。可心里觉得空落落的，很委屈，想哭。

第二天晚上，我再次让他留下来，他推托说去看他舅舅，开上车又回家了。我终于忍受不了他这两次对我的冷落，开始疯狂地给他打电话，威胁他今晚再不回来我就死给他看，他终于答应一会儿过来，我等了三个多小时，他还没过来。于是我用水果刀割自己的手臂，血像小溪一样流了下来，顺着手指流到地上，又蔓延开，我感觉自己的头很晕，趴到了桌子上。这时我听到楼下有车响，我知道是他来了，他进了门，看我这样又生气又心疼，给我包扎了伤口，我哭着，依偎在他怀里说，不能没有他。他告诉我，以后要听话，再这样任性会不要我的。

我问他，我们到底有没有未来？

他以前曾经说过，他会离婚的，会和我结婚，会对他的行为负责，但是他有家庭，我们都需要时间做充足的准备。

我问他，我们到底有没有未来？他说我这么年轻，和他结婚，两边的家人一定都会反对，而且他还有一儿一女，比我小不了几岁，为了减轻家庭的阻力，他让我先找个人结婚再离婚，然后他也离婚，这样我成了一个离过婚的女人，他是一个离过婚的男人，虽有孩子，但家人的反对会小一些。

因为当时爱他爱得执著，对他言听计从，而且我的年龄越来越大，也面临着很大的压力，于是在他的精心安排下，我开始物色我的结婚对象，心想，不知哪个倒霉的男人会遇上我。

前年秋天，经人介绍我认识了现在的老公，因为抱有不可告人的目的，在和对方见了三次面后，我便要求结婚了。昊怕我婚后老公会怀疑到什么，让我去做了处女膜修复手术，并说这是为我好，万一离婚不成，老公知道我不是处女，会在他面前一辈子抬不起头来的。

在离我的婚期还有45天时，我叫来好朋友陪我去了医院，手术时医生问我家人知不知道我来这儿，我说，不知道。麻醉师得知我要结婚了，说了一句话让我无地自容，羞愧难当。他说这真是"临行密密缝"啊，可他哪知我的苦衷。手术后的那天晚上，由于麻药的副作用，我很难受。昊来陪我，这也是婚前我们在一起的最后一个晚上。

第二天就要结婚了，晚上昊发来一条信息：一切顺利，也许他怕我做逃跑的新娘吧。委屈的眼泪不争气地流出来，我不敢想以后离婚会伤多少人的心。

我好像是他手中的一颗棋子，在他摆布下已无路可退

2004年12月1日，我披上了洁白的婚纱，带着亲人的关心、朋友的祝福，和相识仅两个月的老公举行了婚礼。我牵强地笑着，尽量把悲伤的心融入喜庆的气氛中。

当晚送走了所有的客人，老公心疼地说，累了一天早点睡吧。他一夜没碰我，直到第三天早晨我们才在一起。看得出他是第一次，很紧张，意外的是我没有落红，也许是手术没有成功吧，善良的他什么也没说，给了我人格上的尊重，让我感动。他越是对我好，我越感觉愧疚，觉得对不起他。

在婚后的生活中，老公对我知冷知热，可我们毕竟没有感情基础，让我放弃和昊的过去，从心里接受他，真的很难。离婚的念头一次次在心中泛起，挥之不去。我问过老公，你了解我吗？他说，慢慢会了解的，他会对我好的。我实在不忍心伤害朴实善良的老公，难道他就应该做我爱情的牺牲品吗？这样对他太不公平了。好人应该有好报的。

我不知道该怎么办了。问昊，他说，你老公对你那么真心就别离了。我茫然了，只好走一步算一步。说实在的，由于昊的经理身份和帅气外表，他身边经常有女人主动投怀送抱，我们也经常为此争吵，除了我之外，我不让他再有别的女人。他说，他不会接受她们，她们都是为了他的钱，他不会为任何一个女人付出太多的，不值。我对他这么好，他临死前会送我一套房子，算是对我的馈赠。会有那一天吗？我不知道，就算是有，我想，那也是我用青春的代价换来的。

现在我结婚一年多了，还没有要小孩，总觉得自己感情不稳定，怕哪天崩溃了，离婚了，会殃及孩子。婚后不久，我又回到原公司上班，还是和昊一起工作，我们的关系也一直保持着，只是他从没要求我离婚，我也不再提要与老公离婚的事。我想，如果他爱我，他为什么不先去为我离婚？

昊与老公我无法选择，我每天都在他俩之间徘徊。和昊在一起有爱也有恨，有物质上的满足，更舍不了我们之间 5 年的感情，我动了真情，爱得彻底。和老公在一起，有感动和责任，是他呵护着我受伤的心，我俩之间更多的也许是亲情吧！

回头想想我好像是昊手中的一颗棋子，在他摆布下已无路可退，但愿我能把对他的眷恋藏在心底，和爱我的老公相守到老。

有一种说法是，在爱的世界里没有对错之分，所以一般我尽量客观地去评价感情故事的当事人，但在内心，我觉得真正的爱情应该是让人向上，并完美我们的人格的，是值得尊重的，而不应该充满了贪欲和阴谋。特别是为了满足自己的欲望去欺骗无辜的人，这样的感情未免有些丑陋。

故事听到这儿，我觉得她的感情经历已经不是一件简单的事情，她和昊之间的感情纠葛究竟是不是爱情，这样一句简单的评价已经不足以说明她的可悲，现在社会上有很多女孩正在走着这样一条路，想用青春赌明天，但她赌上的不仅仅是青春，还有她的婚姻，她的现在和将来。

也许她根本没想过，婚姻在很大程度上是一个女人一生幸福的保证。也许她不知道婚姻里有婚姻要遵守的规则，如果再这样欺骗下去，那么受到惩罚可能只是时间问题。到那时，她会知道她从昊那里得不到想要的幸福，这个男人如果真的爱她，是不会让她去做伤害自己的事情的。

无论如何，一个女人身处这样的境遇，是一种矛盾的生活，正如昆德拉所说，这个女人的灵魂想必无所凭依。所以这样的她更不会有真正的快乐。

一夜能有多少情

采访阿静的那一天，是个冬季里常见的阴郁寒冷的日子。走在雾霾中，周围行人的身影和面容都变得模糊，仿佛远行的过去，让人怀疑它们是否真的存在过。这时，我劝诫自己，抑郁别过三分钟，不要在坏情绪中沦陷，想想那些阳光灿烂的日子，让心情一点点蓬勃轻松起来。

做人其实是一件很过瘾的事情，因为我们有自由的意志和选择的权利，面向阳光微笑或是躲在黑暗中哭泣，在于你自己某一刻的心态，当然也在于你以前的那些经历。"每一个人都要对你的生活现状负责"。

那天当我走进避风塘茶楼时，阿静也到了。

阿静今年26岁。我觉得所有这个年龄的女孩都应该是美的，或者是在向往爱，或者是在享受爱，而在阿静的脸上我却看到了黯淡和幽怨，而出乎我意料的还有她的经历。我本想是来听一个爱情故事的，不管是欢欣的还是凄然的，毕竟一个人真正地爱过，总是值得怀念的，而她讲述的却是发生在她身上一段类似"一夜情"的经历。

这个世界上的一切真的就像雾霭中的景物模糊不清了吗？身体与精神，欲望与内心，对与错，真的就没有界限了吗？

我不知道我们算不算是一夜情，如果不是的话，那又是什么呢？

我和他是在网上认识的，我以前从来不在网上给人留电话，可那次我们聊得不错，因为不讨厌，不反感，在他的要求下，我就把电话给了他。

快到圣诞节了，我发了个信息给他，他打回电话，说没有想到我会跟他联系。他说话的声音很好听，他问我对他什么感觉。我说挺好的。

那时我们还没有见过面。我生日那天，同学请我吃饭，饭后去了KTV，因为在他附近，我就发了信息给他，没过多久，他开车过来了。我同学要他喝酒，因为开着车，他说什么都不喝。我喜欢有自制力的人，当时就感觉喜欢上了这个人。

聊了会儿，他要出去坐坐，我从来没有那么晚和一个陌生人出去过，有点害怕，可又不知道怎么说。上了车，他要去给我买个蛋糕，我一再说不用了，太晚了，还下着雪。我们找了个咖啡厅，聊了好久，他说他过得很不幸福，当年为了和女朋友赌气娶了认识仅二十一天的现在的老婆。

很晚了。我说该回家了，明天还要上班，他要送我回家，我怎么拒绝他都很坚持；最后还是把我送回了家。第二天我去上班，发信息给他，路滑，开车小心点。他回电话说，看到了我的信息，平安到单位了，让我放心。

我们就这样开始了联系，过了几天，我给他打了个电话，他说请你吃饭吧！我正要去的时候，一个同事打电话给我，要我跟她去买羽绒服，我不好推辞，就要他先等会儿。我就跟同事一直逛，心里都快急死了。他下午 5 点下班，可我和同事一直逛到了晚上 8 点多，他也就等到了 8 点多，让我很不好意思。

　　一起吃完饭，他说去找个地方玩会儿吧。我们去了茶楼，这时我同事的男朋友来接她了，本来说好我们一起走的，可她忘了叫我，我也不知道在想什么，也忘了。

　　我们俩又坐了很久，里边挺冷的，他说要不去附近的浴都吧，那里暖和。我说，算了吧！明天还得上班。正好这时家里打电话来问怎么还不回家，说家里来人了。我很不喜欢家里来人，来了人我就没有地方住；犹豫了一下，我就和他一起去了浴都。

　　到了那儿，他说洗完了以后在 2 楼的咖啡厅等我，我从来没有到过那种地方，洗完澡，我正要穿衣服上去的时候，服务员拦住我说，在这儿要穿浴都的衣服，还问是穿消毒的还是一次性的，我要了一次性的。后来买单的时候我才知道，那件衣服三百多。到了二楼，他在那玩斗地主，玩了会儿，他领着我去开房，回来他说没有五十的了，就开了个一百二的。

　　到了房里，他也没有说要走，就在那儿看电视。我很不自在，坐在离他很远的地方；毕竟，没有和一个男人这样在一起过，不过我挺喜欢他的，心想，就算有什么，就有吧。

　　那是我的第一次，其实到现在，我都不知道我到底是喜欢他，还是第一次给了他，以后总感觉放不下他！

我早就想到了是这样的结果

接下来我们又出去几次，吃饭，唱歌，我不想离开他，可是他有家庭，我们不能光明正大地在一起，我不知道他是不是真的喜欢我？只是跟他在一起，真的挺开心的。有一次吃饭，我的饭吃不了了，他就拿过去吃了我剩下的，他不是没有钱，为什么这样做呢？是爱我吗，还是逢场作戏？我的鞋带开了，他蹲下庞大的身躯给我把鞋带系上，他不止一次地对我说他爱我，我从来没有对他说过，因为知道没结果，怕说出来会更伤心。

那次在浴都花了他很多钱，可我真的不是故意的，感到很不好意思，就买了件上衣给他，可最终也没有机会给他。

有一次，我去外地玩，那几天我想了很多。在回石家庄的车上，我发信息给他："分手吧！我知道你不是真的爱我，也不可能爱我，那天在一起其实早就想到会是那样的结果，可我不知道贪恋你什么，但绝对不是钱财，可你除了这些又能给我什么呢？你又贪恋我什么呢？是年轻的身体还是什么？我要的很简单，你都给不了我；你认识的女人应该不少，我不是一个好情人，还是分手吧！我会永远记得你对我的好，我不会忘记你的，保重！我爱你！"那是我第一次对他说我爱他！他打过来电话，我没有接，于是他第一次给我发信息："跟你在一起，很轻松，很快乐，我喜欢你是毋庸置疑的！可是我有家庭，虽然和她没感情，但作为一个男人，我是有责任的，我不能陪在你的身边，但并不代表我不爱你！我不是找刺激，更不是找什么情人，这只是一种感觉，也许是感情吧。我知道这样对你不公平，我向你道歉。不管以后怎么样，我都会在心里给你留块地方，同时也会默默祝福你的，傻宝贝！"

我不想失去他，又怕以后没有了再联系的借口，于是就又打电话给他。

过了些天，我们一起吃饭，后来去歌厅唱歌，那次他像疯了一样地吻我，搂着我，当时我真的没有感觉，他要我留下来，我说不可以，改天吧。正好第二天，我单位同事过生日，我给他打了电话，他在外边谈生意，我们就又去了上次的那个浴都。他说：我没有对不起谁，唯一对不起的也就是你了，你想要的我给不了你。我说：可你想要的我都给你了啊！我听到他很深的一声叹气。我知道没有永远，可我就是想和他在一起，虽然有时候感到委屈。

第二天早晨，我问他有没有零钱，我要坐车去单位，他说没有，就去换开了一张一百元的，给了我五十，其实我要的只是一块钱，不过我也没有说什么，就打了个车走了。

过了几天，我给他打电话说想他了，他说：那明天我去看你吧，今天挺忙的！为了这句话，我失眠了，多希望明天早点来啊，第二天下午快下班的时候，他突然发信息说不过来了，要去开会，回家收拾东西。我打电话过去，他说要去三四天，等回来给我打电话。

过了五天，还没有电话，我想该回来了吧！就打过去电话，电话通了，但很快就挂断了，为什么？是在忙吗？等了会儿，再打，还是不接，是出什么事了吗？我当时真的感觉整个人都蒙了，到底是怎么了，就这样一直打，直到那边关了机。

我发信息问怎么了？那边一直没有回，我心想，就算是要分手，也该说清楚啊，这样算什么？过了很久，他用固定电话打过来，说他老婆知道我们的事了，我们吃饭的时候被他老婆的同事看到，他老婆查了他的电话，他说等过段时间，买个小灵通，她就没有办法查了。我哭了。

过了很长时间。他都没有打电话给我，我知道他也许选择了这样的分手方式，也许他从来都没有爱过我，我只不过是他生命中短暂的一个过客！从那以后，我再也没有开心过，每天都失眠。有一次，凌晨了还没有睡着，就打了一下他的电话，结果他开着机，我急忙把电话挂了。第二天早上七点多，他突然打来电话，问是谁打的电话，他说他正在上班的路上买吃的。我心疼他，可不知道说什么，他为什么不在家吃早饭，是她不给他做，还是他不忍心让她起得太早？不过这一切似乎都显得那么多余。我说，一个月没有见他了。他说：是啊，挺忙的，改天一起吃个饭吧！

于是我们约在了几天后的下午，他让我到时给他打电话，别用自己的手机。我又盼啊盼地等到了那天下午，下了班，用别人的手机给他打电话，他竟然关机了。我知道一切都完了，什么都不会有了！

后来我给他发了个信息：其实我想到你是那样的人，只不过你情我愿，没有做任何衡量，更没有想过要去破坏你的家庭，我为自己所做出的一切说声对不起，从此以后，我一秒钟都不会出现在你的生命里。

就这样，他成了我一生都逃不出去的劫！可谁又是他的劫呢？那个等他回家的人也许才是他永远都逃不出的劫吧。

那个值得我为他哭的人，是永远都不会让我哭的

当我把这段经历完整地说出来，感觉自己好像赤裸裸地站在你面前，我希望它能发表，希望他能看到，虽然他伤害和欺骗了我，可我只能对自己说"活该"，因为这是我自己选的，自愿的，自找的！

前段时间，在网上遇到他，他说没有想到会伤我这么深！要给我道声"对不起"！

一开始我就应该知道会是这样的结果，为什么非要发生了以后才发现自己错得多离谱？很多事情，都是知道结局了，还拼命去做。

　　有些东西在你拼命想忘记的时候，其实已经失去了，永远找不回来了。可生活还在继续，只是再也找不到以前的感觉。

　　这件事过去将近一年了，我没敢再去曾经去过的那些地方。我想放下，想真正走出来，但直到现在还是无法忘了他。也许，他早已忘了我，也许早已有人占据了我的位置，也许我在他心里根本就没有位置。他就这样辜负了我，可就算是不辜负，又能怎么样呢？我真的很累，这些事总该有个了结的时候，希望他永远都不要再这样对谁，不要再这样逢场作戏。

　　他也算是个成功的男人，身边一定不会寂寞的！

　　什么是爱情？在这物欲横流的社会，还有人相信爱情吗？

　　感情这东西很难说的，也许他真的是有苦衷的，也许他真的是为了玩弄感情。如果是后者，那就更不值得我这样为他付出，不值得我为他去哭，这个世界上没有人值得我为他哭。值得我为他哭的那个人，我想，是永远都不会让我哭的！

　　那天阿静没怎么说她以前的感情经历，一个 26 岁的女孩没有爱情，没有婚姻，心灵一定很寂寞，个头不高，容貌平平，工作和学历都一般，生活的压力也不会小，但任何放纵都不是解脱的理由。

　　记忆里的那个上午，阿静似乎一直在流泪，还不停地在咳嗽，而咳嗽的同时又一支接一支地在吸烟。我很不喜欢别人在我面前吸烟，但那天我没有劝阻她，只是说，希望烟雾散去之后，我看到的是一张洁净明快的脸。好好地去爱一场吧！

离婚了就别再来找我

你会因为喜欢书里的一句话而买下这本书吗？

我就是。因为在一篇书评中看到一句话，而买了老作家木心的散文《哥伦比亚的倒影》。书买了以后并没怎么看，毕竟作者的语境离现在有些遥远了，但我真的喜欢里面的这句话。

"生活是什么？生活是时时刻刻不知如何是好……"

我觉得它特别形象地表现了人们在生活当中的那种矛盾、徘徊、挣扎的复杂心态。

生活像水一样，是流动的，时刻处于变化之中，所以我们便会常常感觉不知如何是好。但是，从另一种意义上讲，不知如何是好，意味着很多的选择，也意味着无限的可能。

生活是这样，婚姻又何尝不是呢？

这天，我在报社，接到了读者文秀打来的电话。

她的话让我很感兴趣。在她之前，大多是女人在述说她们的坏日子，我若再写下去，怕自己也变成絮絮叨叨的怨妇，而一个经历过坏日子，又在经历好日子的女人，她对生活、对婚姻的感受，一定很深刻，也很复杂吧。

　　好日子、坏日子，冰火两重天。我问她，那你是怎么从坏日子走到好日子的呢？换人，还是换思想？她笑笑说，我想和你见面谈谈。

那几年，我就一直这么矛盾，直到后来，真的生活不下去了

　　别人怎样生活，我不知道，反正我和我以前的老公，就过了几年你文章中写过的那种坏日子，那个过程一直很令人困惑。

　　他不是什么坏人，也不是刻意地想折磨我，我觉得是他的性格，从小的生活环境造成了他的那种生活方式，就是注重自己。他高兴了就玩儿，困了就睡，想吃就吃，不在意别人的感受，不管是我也好，孩子也好，他都不太在意。

　　我们是经人介绍认识的。他比我小两岁，婚前，我们相处过两三年，那时觉得他这人本质不错，人也很善良，对朋友挺仗义，谁有困难他都尽力去帮，对父母也很尊敬，就是个性有些犟，那时在我看来，这也不是什么错，每个人都要有自己的个性。我完全没想到，过日子他会不顾及你的感受。有些东西不在一起过日子还真体会不到。

　　刚结婚时，我就发现了他这一点，那时候想，也许过几年会好一些。可过了三四年，他还这样。我就觉得这样的生活不是自己想要的，就想到离婚，但已经有孩子了……婚姻就是这样，结婚是两个人的事，可离婚要顾及双方的父母，就成了两个家庭、一大帮人的事了，很麻烦。

可不离怎么办？我就想，改变一下他吧，用我自己的方式让他明白，夫妻应该互相体谅，应该怎么相处。我想让他感觉到我的努力。现在看来，那时我也太自负了。人家就是这么个人，你根本改变不了他。他不但理解不了我的用心，反倒产生了逆反心理。那时，他高兴的时候，我拉着他散步，和他谈我的这些想法。有两天情况会好一点，但过了几天，他又觉得不合算了，他说，我怎么听了你的了？反而变本加厉，好像要把那几天的损失补回来。

婚姻就是越陷越深。当一个人想从婚姻里走出来的时候是很难的。我们都是从农村出来的，结婚以后，我生了个女儿，我感觉这个孩子在他那儿好像是个累赘，他从来不抱也不哄，能躲就躲，能推就推。那时我想，是不是因为生的是女孩儿，当爹的不喜欢，这个家对他没有吸引力，他才会这样呢？再加上家里的老人们也总是说，一个孩子太少了。所以后来我们就又生了二胎，是个男孩，但是，他并没有因此而有任何改变。只是这样一来，两个孩子了，如果再想离婚，就更不好办了。那几年，我就一直这么矛盾着，直到后来，真的生活不下去了。

我觉得压力太大了，又不知怎么解决

其实在农村，好多女人也就这么过来了，有钱花，有房子住，在家看看孩子，你爱怎么样就怎么样吧，我不管，慢慢熬，一天天的，也就熬到老了。可我不行，我从心里特别向往那种夫妻感情融洽、彼此关心、能交流的日子，却又得不到，就有一种受伤的感觉。

那几年，从一结婚我就把自己放在了家庭里，除了家，没有别的精神支柱，也没有朋友，就是他和孩子。一开始，怀孕，生孩子，他

在外面上班，我等着他回家，后来孩子大了些，我跟他来了石家庄，一切都是以他为中心，说白了，就是太在意他，但是，这种在意越来越让我觉得累，有点撑不下去了。

而他又总是在不停地抱怨、指责我，说我这儿不好，那儿不好。比如说，他一回到家，就开始挑剔，说家里的地不干净。我说，我已经擦过了。他说，擦过了，怎么还有鞋印？我说，那是孩子刚踩上的。他说，刚踩的，你就不会再擦一遍？每天，他一回家，家里的气氛就很压抑。我看着他的脸色，害怕他是不是又生气了。这样一来，我每天感觉精神压力特别大。一想到他要回家，心里就紧张。越紧张，越觉得自己什么事情也做不好。夜里睡觉也梦到他在指责我，对我喊，我从梦里也会哭醒过来……

我和他说过，你不要总是这样，再这样下去我都快要崩溃了，我已经尽力了。我一次次和他说，可是他理解不了，他说，你原来不是挺能干的吗？现在怎么不行了？他还说，我说你是为了你好，只有对你要求高了，你才能进步。

因为自己是从农村出来的，出来的比他晚，我也知道，不论是思想方面，还是能力方面，我都有局限，有很多事，确实做不好，需要向他学，但是过日子和做生意不是一回事。生活中老是这么挑剔，我觉得压力太大了，又不知怎么解决。我和我的一个同学说，我真的受不了，不能再这么下去了。她说，你的两个孩子怎么办？你非要离婚的话，孩子没爹没妈的，孩子大了以后，你怎么面对孩子？

日子过成这样，肯定是过不下去了，也只有离婚这条路了

那时我和他说过，既然咱们生活得这么不快乐，那就离婚吧！他不同意，他说，别人家不也是这么过日子的，为什么就你不行？

有段时间，店里的生意不太好，不忙的时候，我学着上网，在网上聊聊天，心里好像还轻松一些。他反感我上网，说我变了，变得不安生了，在我上网的时候，他大发脾气，拔电源线。我说，你坐在一边，看看我都在网上干些什么，我就是想通过电脑了解一下外面的世界。他说，你别想那么多，做好你的家务事就行，那才是你该做的。

我和他结婚这么多年，要说他人品也不坏，对别人也不错，为什么就是对我这么苛刻，我真想不通。我这个人性格中也有很偏执的一面，他越是这样，我就越要上网，也是产生了逆反心理，后来，在网上认识了一个人，还见了面……

和网友见面的感觉说不上来好还是不好。因为我那会儿整个人像是掉到水里了，见到一只手伸过来就想抓住，结果弄得几个人都挺受伤。

平时我很少和人接触，认识了那个人以后，不说他对我有多么好，只要是能比较温和地待我，不指责我，就觉得心里挺……如果是现在，我不会这么做的，什么事也不会有。那时候心里绝望得不行，好像看不到一点希望，遇到一个人，就好像找到了知己似的。

我和网友见面的事被他发现了。他受不了，闹得很厉害。日子过成这样，肯定是过不下去了，也只有离婚这条路了。那就离吧。

就这样我们分开了。女儿跟我生活，儿子跟了他。

那些年，我一直在想怎样才能找到自己想要的生活，可是凭我个人的力量我做不到，离婚，又不是一件容易的事。没想到最后出了见网友这件意外的事，让我们分开了……

也许就是因为那几年的压抑吧，我的精神状态很不好，身体也不好，有两年还吃过治精神抑郁的药。到现在一到秋天，天气一冷，情绪波动就大。这几天，就给你打了电话……

文秀说，她找到我，并不是想对我诉苦。她更想说的是，她对自己原来婚姻的反思，对以前生活的反省。

"你不是问我，从坏日子到好日子，是换人了，还是换思想了？我觉得，重要的是换思想，如果仅仅是换人，不改变自己的思维方式、行为方式，一味地抱怨对方不对，不检讨自己哪些地方做得不好，不汲取教训，即使再婚了，还是得不到想要的幸福。"

她说："我一直在反思自己，我和他日子过得不好，首先是两个人的价值取向不同，对生活的要求不一致。作为我来说，性格中也有比较天真、偏执的一面，太注重精神方面的东西，这些他懂得少、做不到，我偏要强调这些，越要不到的，我越要得到，这对他，应该也是一种压力吧！他也会觉得累，想逃得远远的，他不想想，既然已经成家了，你就是再有个性，该让步的还是要让步。你让一点我让一点，日子可能说不上多么美满，但是能继续下去。"

我说："是不是现在的日子过得不错，心态才变得这么平和，幸福的人一般都比较宽容。"

她笑了笑，她的眼睛不大，笑起来弯弯的很好看。她说，她对现在的日子还算满意，只是她的前夫还在纠缠往事，走不出来。

有人曾把婚姻分为四种情况：可恶的婚姻、可忍的婚姻、可过的婚姻和可意的婚姻。可恶的婚姻，因为其质量的低劣让人忍无可忍，还是解散了好。可意的婚姻，则是一种生活理想，就像一见钟情的爱情，可遇而不可求。而大多数的婚姻，尽管也有很多缺陷，但是可忍和可过的。

婚姻本身就是有缺陷的，用积极的、建设性的心态去面对它，可忍的也能变成可意的，而消极和懈怠，也会使可过的婚姻变为可恶的。

离婚，只是生活形式的改变，并不代表着精神世界的重生。只有从内心真正反思自己过去婚姻的失误，并且把以前的恩怨彻底放下，才能获得真正意义上的解脱，才会有重获幸福的可能。

文秀离婚后，有一段时间，她也一直生活在过去的阴影里。后来，她遇到了现在的丈夫，开始了新的生活。

过日子没什么大事，就看细节能不能处理得好

由于那几年生活精神压力太大，离婚前我就去看过心理医生。离婚后，反复想以前的事，我的精神状态更不好了。心理医生鼓励我说，既然你的婚姻已经结束了，不要总在过去中纠缠，你应该试着开始新的生活。我说，我自打结婚以后，原来的同学朋友都不联系了，老是围绕着那个家，现在谁都不认识。医生说，那你去找婚介吧！

当时有人给我推荐了两个婚介所，我想，这事也不能太刻意了。就去了一个收费低的，交了一百五十元报了名。没想到，第二天他们就通知我，让我去见面。就这样认识了我现在的丈夫。原来他们打算给他介绍的人不是我，那天那个女人有事不去了，婚介所就临时抓了我。见面后感觉还不错，去年12月我们就结婚了。

结婚以后，我感觉挺好的，起码他是个对生活比较负责的男人。他比我大五岁，在铁路上工作，挣钱不算多，但很稳定，他对我也没有过高的要求，只要我一心一意和他过日子就行，平时我做我的事情，他也不过多地干涉。

他也离过婚，我觉得凡是离过婚的人，多少都有些问题，连我自己也是。过去的一些事情，他不愿意多提，我也不想多问，但能看得

出他也在不断地反思自己，他说过，那时太年轻，很多事没处理好，要是现在，不会把日子过成那样。这一点让我很欣慰，如果他总是指责对方，我们还是过不好。

现在我不怎么上网了。我老公也不太喜欢我上网，但他不会像我前夫一样，上去就给你关机，拔电源，他会说，你看会儿书吧，要不，你看会儿电视吧。

现在生意比较忙，我做家务的时间少了，有时我在家多做一点儿，对他关心一点儿，他就会说，你怎么这么勤快，你累不累啊？他始终是抱着一种宽容感恩的心态，而不像原来我前夫认为你做的一切都是应该的。

我老公也有个女儿，离婚时给了他前妻，有时孩子过来，我给她做好吃的，陪她玩儿。他就觉得你怎么这么善解人意呀，还问我，心里会不会觉得委屈。我说，我不委屈，照顾孩子是应该的。

要说缺点，人都有缺点，他有时使性子，我就躲一边儿去，不理他，不和他较劲，过一会儿，他气消了，又来和我找话说。要是过去，你给我脸色，我一点儿也不能容忍，我要让你知道，我也很不高兴。越闹矛盾越升级，但是现在冷处理一下，矛盾就化解了。

我老公平时不愿意回他父母家，可能因为从小他父母对他要求比较高，他觉得压抑。我们结婚后，我说，老人其实是疼你的，我们常去看看，做做家务，陪老人吃顿饭，对他们也是个安慰。有一次去的时间长了些，他心里不痛快，在回家的路上找茬儿发脾气。我不吭声，悄悄地和我女儿说，爸爸脾气不好，咱们别理他。孩子说，好！回到家里，坐了一会儿，他说，还是在咱家好，别看咱家房子小，心里舒服。

你说过日子有什么大事啊，全都是一些这样的细节，就看细节能不能处理得好。

为什么有些人，已经错过一次了，还不懂得从自身找原因，而总是指责对方呢

我前夫还没有再婚。让我不理解的是，原来我们在一起时，他不知道珍惜，现在离婚了，他又不愿意放手。经常找理由给我打电话，要和我见面。他说，我们离婚时家产分得不公平，让我给他补偿。因为孩子，我也希望他能过得好，我答应了，把原来分给我的两万元股票给了他。后来，他又找我，说房子不该给我，让我写下保证，将来孩子大了，房子给孩子。我说，你说完了没有？然后，站起来就走，他在后面喊，你给我回来！每次见面，他还总是抱怨离婚全是我的错，说我和网友见面，让他面子上不好看。我说，如果咱们还在一起，你说这些也行，现在都已经离婚了，你再说这个有什么意义呢？

我不明白，为什么有些人已经错过一次了，还不懂得从自身找原因，而总是指责对方呢？过去，我最不能容忍家里乱，回到家就是再累，也要收拾利索，收拾到很晚，人累得像是散了架似的，当然就不开心。如果是现在，你能忍受我也能忍受，哪天你忍受不了了，我们一起收拾。有个女人写文章说，刚认识她丈夫的时候，就已经觉出了他的自私冷漠，但既然认识了，她就要对他负责任，其实她能负哪门子责任呢？我原来也知道我前夫的一些毛病，认为那是小孩子脾气，以后会好，也是对生活太理想化了。

离婚后有人曾劝我们复婚，我犹豫过，凭心而论，他不是吃喝嫖赌、不务正业的人，如果他和我一样知道自己错在哪里，能改正，也不是不可以复婚。但他一直在说，我就是不知道自己错在哪儿，是你要求太高了，我做不到。他还埋怨我不该生两个孩子。将来要是再走

到一起，生孩子是我的错，见网友是我的错，离婚是我的错，这些罪一条条地加起来，我就更没好日子过了。如果他能认识到原来他对家庭不太负责，以后对我、对孩子多关心一点，我可能也就复婚了。

离婚后，有人给他介绍过对象，对方比他小，带一个女孩儿，在政府部门工作，条件挺不错的。但是，他一喝多了酒，就给我打电话，在店里怎么说都行，回到家，我就把手机关了，我怕让我老公误会，认为我还和前夫纠缠不清，这会对我的生活有影响。他找不到我，就给那个女的打电话，反复地扯过去的事，扯得人家都怕了他，不和他交往了。他如果再这样下去，再好的机会也把握不住。

我对他说，你把心态放平和些，好好过自己的日子。这样反复纠缠过去，对我们孩子的影响也不好。

他朋友挺多的，大家都劝他，可他就是不开窍。平时在生意上，和朋友交往上，他都是个挺爽快的人，唯独在对我的这件事上，他就是放不下，真让人觉得不可思议。有婚姻的时候较劲，没有了婚姻还是较劲。

这一阵儿，他一直不太顺利。虽然离婚了，但我并不希望他倒霉，很想劝劝他，但他不能心平气和地和我谈，一说就激动，越来越偏激，还不如以前呢。他还说："我其实是十分在意你，但不知道怎么在意你。正因为在意你，你对我的伤害才太大了。"有时我也想，他说财产分得不公，说孩子有事需要商量，是在找借口和我见面，可是现在我怎么能再和他的生活发生关联呢？如果以前是和平分手，现在我们也都心平气和，有事还可以商量。但以前闹得那么僵，这会儿，他又纠缠不休，我现在既然已经成了这个家，我就有责任让这个家平和地过下去，不出别的事。你总是这样，我丈夫误会了，日子过不下去了，对我是个打击，对孩子也是个打击，对他又有什么好处呢？我即使再离了，我还能和他走到一起吗？为什么他就想不到这些呢？

对于我们这些有离婚经历的人来说，要想真正走出来，并不是件容易的事

以前我前夫常埋怨我，说我脑子不够使。那几年还真是不好，晚上失眠，做噩梦，白天脑子算不过来账，说话词不达意。身体也很差，胃胀、便秘、脖子发僵、牙龈出血。前一阵儿，我去体检了一次，医生说我现在什么病也没有了。

那天，我感觉头有些晕，进家门时身上没劲，一阵阵发冷。我老公问我，你是不是发烧了？拿来体温表，一试体温，确实是在发烧，他陪我看了医生，吃了药，我就睡着了，可他一晚上几乎没怎么睡。他说，夜里一摸你身上那么烫，我都害怕了，怕你烧出毛病来，到了天快亮的时候，你体温降下来，我才放心了。

这让我想起原来的时候，那时我有妇科病，我前夫却说，你和我说有什么用，你找医生去啊！我说，你陪我去吧。他说，你这么大个人了，紧张什么，我陪你去你就好了？和现在对比，真是一种天大的反差。

原来所有的家务我都包揽了，人家还不满意。现在没时间做家务，老公下班回来就把家收拾好了，还问我，你看咱家舒服吧。我说，是不错，挺干净的。有时星期天我特意起个大早，找找家里有没有该收拾的，给他做点好吃的，他说，你起这么早干吗，不多睡会儿？这让我心里特别感激，他这种态度就是对我最好的奖赏。我就想，以后我就是耽误点儿别的事，也要对这个家多付出一点。

我听人说过，一般再婚的家庭对金钱比较敏感。刚开始，我们也有这个问题。他离婚时，他前妻给他带来过这方面的阴影，原来他的工资都交到家里，结果离婚时，他前妻说，没钱，钱都花了。花在哪儿了？不知道！反正是花了。

我们结婚后，他就想在钱上两个人还是分清比较好，自己花自己的。当时我发现他这种心态后，觉得心里很委屈，你前妻这方面做得不好，并不代表我不好，为什么不放心我呢？但我又想，我不能在心里留下这个阴影，有了阴影，两个人就不能一心过日子，就会生分。所以有时赶上他这个月事儿多，还要给孩子交抚养费，我觉得他的钱可能不够花了，我就说，我给你点儿吧。他觉得很不好意思，我说，这有什么不好意思的，两口子就是一碗水，你那边倒得多了，我这边肯定就少。

后来，我说，咱们把富裕的钱放一块儿存起来吧，别过了好多年以后，过得一无所有。他也同意了，说把他的工资卡交给我，他自己每月留一部分零花钱就行了。现在我们共用一张存折，两人都知道密码，放在都能拿到的地方。

我现在的生活也不像以前那么封闭了，有了自己的生活圈子，有了几个要好的朋友，有空的时候和朋友聊聊天。

对于我们这些有过离婚经历的人来说，要想真正走出来，并不是件容易的事。就在前几天，我正走在大街上，忽然想到了过去，想到原来的我怎么活得那么窝囊，骑在自行车上，眼泪哗哗地流下来了。哭过之后，自己又笑自己，我怎么这么迷糊呢！

代价

　　工作中我经常接到读者打来的电话，很多人问过我这样一个问题，在《人生采访》的选题中一般你会偏重于哪一类故事？虽然这个问题我已经回答过很多次了，但每一次被问起，我依然觉得不好回答。

　　做《人生采访》几年了，我并没有给过自己一个明确的概念，然后去找寻相关的故事，我觉得不论是情感故事，还是人生经历，故事属于哪一个范畴并不重要，重要的是故事的内涵是否丰富，它能让读者从中"看到"什么。

　　如果非要追问出我的理念，我觉得应该这样说，我希望《人生采访》采写的是一个个心灵故事———当事人通过外界的境遇，所做的选择，以及这些境遇和选择带给他心灵的衰败或成长，也就是感悟。

　　那个秋日下午的阳光照在我书台下的地板上，明亮温暖，这样的时刻，很美好，但很短暂。

我在看一封读者来信，我喜欢这样的交流方式。

瑞霞姐：

你好！因为你的文章，喜欢你的为人。

你的《人生采访》陪伴我由一名天真纯洁的少女变成一个善解人意的母亲，在感情方面经历了由幼稚到成熟，由轻浮到稳重的过程。感谢时间老人，他就像过滤器，把那些伤感的、忧愁的事情带走了，留下来的是幸福、快乐，让你自己深刻体会生活到底应该是什么滋味。

你采访的人物大都在感情上受过伤，无处可医，他们找到你，把故事说出来，让你及读者们开副良药。这似乎能减轻他们的病痛，但却根除不了他们的"病根"。"解铃还须系铃人"，随着自己年龄的增长，生活阅历的不断增加，自然而然会明白该怎么做，也会给自己开一副有效的药方。这就是我在经历了一段身陷其中、难以自拔但毫无结局的感情后的体会。

几年前我认识了一位有家有业的男士，我们一见钟情，我曾为他哭、为他笑、为他痴，他是我用心爱上的一个男人，那时竟天真地想：什么都不要，只要和他在一起就很满足。一年年就这么百无聊赖地过去了，自己逐渐意识到这是畸形的恋情，不能给我带来任何希望及收获。但他就像一根柱子深深地插进我的心里，拔不出来，那时的我孤独、迷茫、无助、愚蠢，真想找个人诉说衷肠（那时认识你该多好）。有幸的是我没有丧失最后的防线，没有失去自己。本来想把这个完整的故事说给你听，又觉得也许没什么意义。往事就让它随风而去吧，带走心中的这粒沙尘，让心留有宁静，留有芳香吧。

现在的生活平淡却很幸福，因为找到了和我相伴一生的人，他给了我坚实的臂膀，温暖的家庭。现在我才感悟出什么是真正的快乐。

但愿那些还沉迷于感情纠纷的女孩子，早日打碎经男人花言巧语加工编织的"美梦"，去寻找真正属于自己的梦想。

感谢你有时间看我的信，不知我的这份经历以及感想能否对他们有所帮助。一句话：幸福要靠自己创造，不要把自己的快乐寄托在别人身上。

雪儿

雪儿信里的话说得很好。"解铃还须系铃人"，我也许根除不了病根，但希望可以提高一些人的免疫力，这是一种积累和准备。幸福也需要能力。可惜，生活中很多女孩在感情上随波逐流，只受眼前的情感冲动支配，完全不去想以后，她们不知道，以后的日子是多么漫长和重要。

爱情这东西怎么说呢？总是当局者迷，而明白的又都是过来人。

生活中的每一天，都是和未来相连的，所以每一个选择都很重要。

我想到了我曾听过的这样一个故事。

和他认识的时候是在 2000 年，那年我刚初中毕业，由于家庭困难，辍学了。经熟人介绍在郊区的一家饭店打工，由于我能干、机灵，老板很喜欢我，一干就是两年多。

初出茅庐，听说外面的社会很乱，而我的好奇心很强，外面的事情对我来说充满了诱惑，我一心想走进去看看，到底不同在哪儿？可如今，我却是后悔莫及，真的是无药可救了。我有一个好朋友，曾开导过我很多次，我的回答只是无奈。我今天的结局，不能怪任何人，所有的一切，只有我一个人承担。

打工的那两年，虽然很累，但心里是充实的，对未来充满了幻想，

42

我的理想很简单，想开一个自己的饭店，用心一点点把它呵护起来。我知道这不是件容易的事，所以我非常用心去学。老板是河南人，很会经营生意。我用心学他的经验，看他怎么与别人相处，在我的眼里，他做什么都是对的。慢慢地，我开始注意他了，他每天早上9点起床，到店里第一件事就是坐到吧台，拿着熟悉的杯子，喝水，我静静地站在一边看他，然后才开始一天的忙碌。什么脏活、累活都是我干，很多服务员干不了走了，只有我坚持了下来。

记得有天晚上，店里就我一个人，来了几位客人，点了几道家常菜，也不知道是哪里来的勇气，我在厨房配起了菜，把菜做好端到客人面前，当时非常担心，但客人没有什么不好的反应。过一会儿，老板回来了，他显得很吃惊，等客人结完账走了，我高兴极了，想象着自己已经向成功迈出了第一步。

正是我的努力，老板开始注意我，对我也非常好，他眼中总包含着让人猜不透的眼神，我不应该去想的，但我已经陷进去，我喜欢上了他，喜欢他叫我小丫头，喜欢他的风趣。他带我出去，以工作的名义，带我去商场玩；包饺子时，他也凑上来，为了一句话，我俩争半天，打在一起，最后弄得浑身是面，我的恋情就这样不知不觉开始了，每天见到他，心里就高兴，有多大的委屈，心里也舒服。

村里的人见我能干，又会来事，开始给我介绍对象。给我介绍的那个人叫东，东经常来我这儿吃饭，高高瘦瘦的，不爱说话，长得也不帅，我一直不同意，总想和他说清楚。一次晚上下班了，他来找我，我想借这次机会和他说清楚，便出去了，刚走到路口就碰见我的亲戚，什么也没说就回去了。那个人又是个快嘴，第二天，全村的人都知道我和东"约会"了，我差点没气晕过去。妈妈问我为什么不同意？我说性格不合，妈妈说，他只是和你不太熟，接触一段时间就好了。

在村里人的眼里，我在和东恋爱。其实这恋情，只是一个虚名而已。东对我说，他愿意等。我拒绝很多次，见他这样，我也没辙了。老板还说，东的条件不错啊！我哭了，我说，明天我就和东好，和你绝交。见我真的生气了，老板抱着我说："我很喜欢你，但是你还这么小，有很多事，不是我能做得了主的，我有家，我给不了你长久的幸福，我不能毁了你的一生啊，你有选择的权利。"我的脾气很倔，心里明白这些事，可还是控制不了我自己，"不管以后怎么样，我就是要和你在一起，除非你不要我了。"我躺在他的怀里，肩膀是那样结实，感觉是那样安全，只有在他的床上，我才是他的"老板"，他搂着我，我看得出，他是舍不得，我说"就让我做你一辈子的背后女人吧"。

我的事，我的好朋友很担心我，和我讲道理：先和东交往一段时间，要是不喜欢，就算了，和老板的关系赶快结束吧。我敷衍她说："我知道。"可是只要和东出去，走在一条马路上，总是一前一后，谁也不说话，我和身边的人都谈得来，唯独和东，一点儿沟通的愿望都没有。

就这样拖着，我和老板开心地经营饭店，当东不存在。一年后，家里让我和东把婚订下来，不让我当服务员了，给我找好了工作。老板也同意我走。他还跟我说，如果有机会，会把我们单位的厨房承包下来，那样就可以天天见面了。在厂里住得很舒服，但是内心总是不满足，什么是爱到深处不能自已，我理解得非常透彻了。每天几乎都去老板那里看看，去了，就帮忙干活，就像回家似的。

朋友再一次警告我："必须结束和老板之间的感情，你喜欢他，是因为相处时间长了，只不过是崇拜他，那不是爱情。"我哭了，说："我走不出来了，已经晚了。"

和东在一起的日子，也不短了，东越是不说什么，我就越难受。面对着他，我总有一种愧疚感，几次想分手，都被阻止下来。而东也不肯放弃，还是来找我。我和东订婚时，花了不少的钱，我想摆脱这种状态的生活，这真是太天真了，根本不可能。

老板饭店所在的那条街拆了，饭店搬走了。那年，我21岁，家里人又让我和东年底结婚。我同意了，我实在没有理由说服他们。我们去登记，办事员让我们填住址，而东却写不出。我问为什么？他爸在一旁支吾地说："他可能是太激动了，所以写不出来。"

2004年年底，我们把婚事办了，我虽然不喜欢东，但家人劝说：感情可以慢慢培养嘛。我对朋友发誓，再也不和老板联系了，好好和东过。我是真的太幼稚了，生活并不像自己想得那么简单。

2005年，我怀孕了，对家人来说是个好消息，我当时也不知道是什么样的心情，难道这是我的新开始吗？我问自己。可是到第4个月，去医院检查，医生告诉我，孩子心脏可能不好。我的心再一次破裂，只有把孩子打掉。

可是孩子已经成形了，我去产房生的，经历了第一次做母亲分娩的痛。我再次流泪，比分娩更痛的就是心痛。难道我的命就这么苦吗？

我不能怪谁，如果当初注意他一丁点儿，也不至于不会知道我丈夫连字也不会写，连登记时他家的地址，都是我含着眼泪写的。一个人改变不了一个家庭，但一个家庭可以影响一个人。其实在我和老板好之前，就听人说过他以前的女人，估计他自己也不知道有多少，但是我爱的还是他，而我们的感情却是不能见光的。结婚后，我经常和他联系，而老板说，我喜欢你，是因为你和她们不同，如果我们走得太近，恐怕以后你的路会更难，你和东在一起是最好的结局。

现在怎么让我平静地接受这样一个家庭呢？如果说我对不起他们，那应该还清了吧。我茫然了，婚姻和爱情发生在了两个人身上，面对婚姻的躯壳，我不想要，我想抓的爱情，却也是空的。我的内心已经死了，估计再不会激起生活的浪花了……以前心气那么高的一人，现在的心态却像一个老人似的……

　　就像雪儿说的那样，人生百味仅仅是听和看是不够的，很多时候我们只有亲身经历了，才能得到深刻的体会，但是，那样得来的感悟有时是要付出深重代价的，而不是所有的代价我们都可以付得起。

　　在这个世界上，每一个人的经历都是有限的，但我们可以通过倾听别人的故事而有所心动，有所领悟，并在行为上有所规避和扬弃，从而让自己的人生更美好，或更接近于美好，这应该是我和我的读者共同的收获吧。

是谁让你在深夜里叹息

比利时、澳大利亚影片《回首念真情》（又译《爱无罪》）是我喜欢的一部影片，前不久我在博客上贴了一篇我写的关于这部影片的评论《是谁让你在深夜里微笑》，其中有这样几句话："我喜欢影片中的老恩杰丝。一个身患癌症的八十岁男人，他身体衰弱，举止笨拙，但他诚恳的眼神，他的智慧，他看着卡丽雅时那一见钟情的微笑，无比温暖。当卡丽雅深夜从冷漠、孤僻的丈夫身边来到他家，他穿着睡衣，起床，开门，把卡丽雅拉进来，拥入怀中，隔着屏幕，我甚至能感觉到那个老男人身上散发的温热气息。生命走到最后才最接近真实，女人还要什么呢？"

那么到底是谁让女人在深夜里微笑呢？我想，那一定是一个温暖宽厚的男人、一个积极乐观的男人、一个一生挚爱、一生痴缠她的男人。深夜，不论他此刻在不在她的身边，她都能感觉到他温暖的气息，他的力量，他的存在让她活得美丽安详。

在日常生活中，我很少说起我的工作，因为曾经有人用轻慢的语气谈论过我转述过的那些故事，嘲笑过某个故事的主人公，为此我曾经很不高兴，他们所说的一些表示同情的话，我也不想听。我觉得与其对别人的经历表示几句轻飘飘的同情，不如仔细打量一下自己的生活，如果你是一个幸福的人，那么要懂得感恩，要比那些不幸的人更善良、更包容，因为他们的命运也可能是你的，而你只是比他们多了那么一点点幸运。

深夜里的微笑是留给自己的，它是那样的神秘而真实，而深夜里也有一些孤独的心灵在深深叹息，在默默哭泣。

这几天，每到夜深人静的时候，总有个女人准时出现在网络上和我对话，她叫秋言。我很少问她什么，甚至很少说话，我只是告诉她，我在听。

深夜，把所有保存的电话翻遍，竟然找不到可以说话的人，活了这么多年，自己竟然是这么的孤单，瑞霞，那种寂寞的感觉令我窒息，每到这种时候，我便很茫然：什么时候才是头呀？

我，是一个单亲妈妈，一个9岁孩子的母亲。

认识杨是在1996年的秋后，记得那年夏天，雨下个不停，而整个夏天，我因为一段恋爱的结束，心情一直不好。他是别人介绍的，离婚一年多了，一个3岁男孩子的父亲，一个健谈的男人。偶尔去他家，看到满地的烟头和那个瘦小的孩子，心里突然涌起一种冲动：我要照顾这个男人，做这个孩子的母亲。于是不顾家人的反对，那年冬天我做了这个孩子的后妈。

那年，我24岁。

然而生活不是一本打开的书，没有特定的过程和特定的结局！

我想说说我曾经的公婆。我的公公，那种踏踏实实、胆小怕事的人，年轻的时候一直在外边当兵，后来转业才到了这里。至于我的婆婆，则是那种用我们这里的土话来说，很"沾"的女人，年轻的时候自己带三个孩子，岁数大点了又一把屎、一把尿把孙子带大的"女强人"。

早在我和杨结婚以前，就风闻我的婆婆很厉害，他的第一次婚姻就是因为老人挑事才导致了离婚。我不太相信这些话，因为我的母亲也是婆婆，没有母亲不希望自己的孩子幸福，而且我们结婚后不会在家里住，不在一起哪会有那么多的矛盾呢？

我错了！事实上我真的错了。一个心理变态的母亲，总是千方百计地要你感觉到，她的存在对于她的儿子比媳妇对于她的儿子重要得多。瑞霞，用争风吃醋来形容一点也不过分。

当我挣扎在婚姻的边缘的时候，我理解了杨的前妻刘为什么宁可不要自己的孩子也要放弃婚姻。用杨的话来说：刘要比我好得多，他们在离婚以前几乎没有吵过架！说实话，在我婚姻僵持的几年里，我很想见到刘，别人都笑我傻。离婚后，我才逐渐听别人说起在杨和我的婚姻期间，杨曾经给她写过许多信，可她没有回。也许这个高高大大却柔柔弱弱的女人，真的是伤怕了吧？

以前我经常在论坛上看到过一些有关婆媳关系的帖子，但今天这样的讲述，我还是第一次听到。看来一个人生活质量的好坏，不仅仅取决于自己对待生活的态度，也和周围的人有很大关系。

秋言说得对，生活从来和想象的不一样，只有经历的人才会知道。当初她的选择就有些不太慎重。面对真实的生活，仅有一个良好的愿望是远远不够的，特别是进入一个背景复杂的家庭环境，不能仅凭感觉和感情，要真正了解对方，了解自己的承受能力，做好充分的心理准备。

第二年，我的儿子降生了。记得那是1997年的冬天，大雪纷纷扬扬，在县城的医院里，暖气只是在早晨快6点的时候才会烧。而我从子夜一直躺到清晨，整整几个小时，却不觉得冷。终于在三次胎吸以后我听到了孩子的第一声啼哭。没有兴奋和激动，累、渴、冷、疼，我浑身战栗，缝合线每拽一下，我便抖得更厉害，几乎要从产床上掉下来。

初为人母的女人应该是幸福的，而我不是！从这个孩子来到世界的第一天，他便注定得不到完整的爱。而原因极其简单，他的父亲在他之前已经有了一个儿子，他的爷爷奶奶已经有了一个孙子，他们更希望我生下的是一个女孩儿。瑞霞，这就是导致我婚姻走到尽头的最根本的原因。我的邻居在生了两个女儿后感叹：唉，看咱们都不会生，要是换换，你家儿子投生在我家，我家闺女给了你家，那该多好？可是哪里有这么好的事情啊？我无言。

孩子8个多月的时候，1998年的秋后，那年我在家带孩子，他没有工作，每天他的第一件事情就是回父母家，然后便是整整一天不知踪影。

这期间，我们的矛盾越来越多，一大部分来源于他的父母。他总觉得他的父母帮他带前妻生的孩子，他不能让父母伤心。我也曾试着说服他把那个孩子接过来我们自己带，组成一个完整的四口之家，他不肯。因为他父母的退休金足以养一个孩子，老人带得又周到，更重要的是，老人从孩子一出生养到这么大，要过来他们肯定不习惯，也不会同意！再怎么说，我也是孩子的后妈。我能说什么呢？

在矛盾和争吵中，孩子一天天长大，而他也在同学的帮助下在市里扎了根。

那时他的工资只有 400 多元，紧紧巴巴的。但是，每次回家来，总要带两个孩子去超市买东西，然后我们结伴去他的父母家和我的父母家吃饭。孩子们很喜欢超市里的气氛，每次都让他们挑自己喜欢的东西。几次之后，我觉得很奇怪，那个孩子更多关注的是一个孩子根本不应该关注的东西：洗衣粉、调料、油盐酱醋，每次如此。几次之后我就问他：你要这些干什么呀？他说：我奶奶要我买的！我便生气了，她为什么不直接告诉我买呢？让一个孩子做什么文章呀？我唠叨几句，杨为此很生气，他不允许我说他的母亲一个"错"字。这还罢了，每次不管因为什么吵架，他就会收拾东西不做任何解释，坐车就走。而在他想回来时，却好像什么都没有发生过一样。

孩子大一点儿，我的小店搬到了马路边上，2001 年、2002 年的夏天，不堪回首的两年。

我租的店铺是路东边的二层楼房，我和孩子住在楼上。我最害怕夏天，并不是因为楼上闷热难耐，而是每到雨天，雨水便顺着空心板的缝隙漏进来。如果连着几天下雨，屋子里几乎都没有干燥的地方。尤其是晚上下雨，连觉都不敢睡，不停地盯着屋顶，看着湿湿的水印一圈圈扩大，逐渐凝成水滴掉下来。一次我太困了，睡着了，猛地又醒过来，听到扑扑的声音，当时没有反应过来，猛然觉得这和平时漏雨的声音不同，爬起来被子已经湿了碗大的一片了。我匆匆把孩子抱起来放到楼下的小床上，又到楼上把枕头被子抱下来，然后再把床垫靠到墙上，找塑料布盖起来，难过得想哭。

后来晚上下雨，便不敢再打盹。后来孩子在路边玩，指着对面没有完工的房子说：妈妈，等那起了房，咱们搬到那里好吗？那儿的房是新的，肯定不漏。直到现在，和当年的邻居谈起我们住的"漏"房，我的心里都酸酸的。

我们离婚是在新婚姻法公布以后办的，可以不用去法院，直接用身份证在民政部门办理。民政局办手续的人开玩笑说：你们看着不像别的离婚的，连话都不说，不会是办假离婚，想超生吧？我苦笑。为什么离婚必须得闹得满城风雨呢？做不成夫妻还得为孩子考虑。离婚协议书极其简单，因为我们没有什么财产，很自然的，孩子跟我。我没有要抚养费，因为我觉得有的事情不是靠争就会得到的，想管孩子了怎么都管，不想管了，争出来也没有用！但是我坚持一条：不能因为双方婚姻关系的改变，他再婚，或者我再婚了，他不看孩子。

我们是那年11月办的离婚手续，随后是元旦、春节，我们就商量着暂时瞒着老人，让他们过一个安生年。

深夜，正是秋言的这些讲述，让我想起我喜欢的那句话：是谁让你在深夜里微笑。只不过此刻我把它改成了：是谁让你在深夜里哭泣，或者，是谁让你在深夜里叹息。哭泣，是人痛心时，生命的一种本能反应，但还有不甘，还有期盼，而叹息则更多的是感伤，是对既成事实的无奈，和对未来的茫然。

而秋言身边的那些人，因为不能很好地对感情、对家人、对生活负责，既给她带来了这么多痛苦，也毁坏了自己的生活，他们也很可怜。

我说：好好生活，这是最重要的。

我知道秋言的讲述还没有完，但下面还有什么事情会发生呢？

那几天的深夜，我一直在网上听秋言断断续续讲述她的故事，我们没有见过面，我不知她长什么样子，但在我的想象中，她是个有几分憔悴的女人，虽然我不了解目前她的健康状况如何，生活水平怎样，但我能感受到她内心的极度不安，她无时不在的担忧和焦虑。

2004年上半年，是我这么多年里最轻松的一年。

但到了2004年的秋天，孩子突然病了：身上许多淋巴结都莫名的肿大，用了好多抗生素也不见缩小，尤其是右侧的腋下，肿得跟大枣一样。我在半夜爬起来，摸摸他的耳后、腋下、腿弯里那些小淋巴结，看着孩子在我触到的那一瞬，在睡梦中疼得抽动，我的眼泪吧嗒吧嗒地掉下来。我带他去260医院、省二院，最后在省四院做了穿刺，大夫建议我们住院，再做一个活检。当时我怕得要死，最后我带孩子住进了儿童医院。

手术安排在住院后第三天。头一天，杨从山东回到了石家庄。我告诉他，孩子明天要做手术，想见到他。他说，他很忙很累，但明天早晨肯定会在孩子进手术室前过来。儿子听到这个消息很高兴，他根本不关心什么手术，只在乎能不能见到爸爸。

早晨输上液，孩子不停地问：妈妈，我爸爸什么时候过来？爸爸怎么还不过来呀？直到孩子被推进了手术室，杨还没有过来。我等在走廊里，看着三三两两的陪床家属，泪水不争气地流下来。儿子进去将近一个小时了，他来了，追问我孩子在哪儿，我不答理他，他伸手拉我，在我们撕扯的时候，孩子推出来了。望着孩子全麻下焦黄的小脸，我心疼到了极点：孩子在进去以前曾经怎样盼望他的父亲啊，孩子又是怎样的失望啊。幸好，检查的结果不是太坏，否则我会因为他的迟到，而永不原谅他。

2005年的春天，杨的姨妈过来住了一段时间，十几天里，便和我的前婆婆设计了一条完美的婚姻计划。让杨和他的表弟媳妇生活在了一起。他的表弟去世两年了，表弟媳妇带着两个女孩，小的才几个月大。我不是那种死皮赖脸的女人，现在想来，我婆婆为这个计划耗了多少心思啊。熟悉我的人都说：你真傻，全世界的人都知道你婆婆想让他娶他表弟媳妇，就你是个傻子！这话是何等的恐怖，仅仅因为我生的是儿子，就费尽心机让我走出家门。他的表弟媳妇，是一个性格温顺的女人，也许我不能给他的幸福，他已经得到了吧？

2005年端午节，一个星期天，大毒的太阳，直到中午了还不见儿子回来，想到的地方都找了。我着急了，他能去哪儿呢？下午三点多，儿子回来了，脸红红的，满头大汗。我劈手打了他一巴掌，他没有哭，一个劲地说：妈妈，以后我再也不了，我错了，你不要生气。我问他去哪儿了，他说，同学家。我把他按到床上，狠劲地揍：我刚从你的同学家回来，你为什么说谎？他说：妈妈，我在我奶奶家门口的那堆砖后边藏着呢。我看见爸爸的车在门外停着，肯定是爸爸回来了，我想等他出来，可是他一直没有出来，我就回来了。儿子的眼里含着泪花，却不敢哭。我的儿子为了看他爸爸一眼，竟然在烈日底下暴晒了好几个小时啊。我问他吃饭了吗？他说：我不饿，我一点也不饿。我哭了：孩子，你可以进去呀，为什么要等他出来呢？

儿子说：我不敢进去，今天是星期天，我进去爷爷奶奶又要说我了。妈妈，你别生气，好吗？

他是一个8岁的孩子，在那一刻他心里是怎样的百转千回，他怎么能知道他的生活中到底发生了什么？

我开始恨杨！也许在他的内心深处，他身边有一个没有母亲的孩子，我身边有一个没有父亲的孩子，这才算是公平的吧？

哪一个母亲不希望自己的孩子快乐呢？可有些快乐不是我能给予他的。

暑假到了，我把孩子送到了市里。我希望能让孩子快乐一点，哪怕是一时的快乐也好。杨让我把他放到车上，他去车站接孩子，我不放心，把孩子送了过去。

　　7月11日孩子回来了。他把孩子送到门口，然后给我发信息：以后不要拿孩子来要挟我，你带得了就带，带不了就给我。这句话差点儿没把我气死。孩子倒是很高兴：妈妈，我爸爸说8月7日来接我，让我跟他再住几天，记着啊妈妈，是8月7日！说完，跑到挂历边，拿他的铅笔在上面做下记号。

　　我不知道怎么跟孩子解释，看着孩子期待的眼神，我狠下心来，翻出短信，让孩子自己看。瑞霞，你会不会说我残忍呢？我觉得自己好残忍，但是我又有什么办法呢？他看了，不相信地说：妈妈，这是我爸爸说的吗？我点点头，郑重其事地说：儿子，你要是愿意去的话，妈妈可以送你去。但是你得明白，也许你跟着爸爸，你就会很少见到妈妈，你自己选择好吗？无论你选择谁，妈妈都不会生气。儿子哭了，很伤心：妈妈，我不去了，我跟你！妈妈，你别不要我，我不去那儿了。

　　剩下漫长的暑假里，孩子竟然沉迷于网络游戏，我很纳闷：他从来没有接触过网络，怎么会这么熟练地玩游戏呢？他说，是他爸爸教他的，他在那儿每天都玩。瑞霞，在许多家长因为孩子玩游戏无可奈何的时候，我8岁儿子的父亲，竟然为了一时省心让他的孩子学会游戏，并在电脑前泡了半月！在那以后，每一次我去网吧里找儿子时，我都深深地后悔为什么让孩子去见他。

　　此后的日子里，他一直没有看过孩子，我也没有主动要孩子去见他，直到今年的"五一"。

　　"五一"那天，我带孩子去玩，水上公园有许多谈恋爱的，儿子说：妈妈，我长这么大的时候，你多大了呀？我说，傻孩子，你长这么大了，妈妈就老了！你也该娶媳妇了。他竟然说：妈妈，你老了我也会亲你的，娶了媳妇我也亲你，她不让我亲你，我就和她离婚。我大惊：儿子，你怎么能这么说呢？你知道什么是离婚什么是结婚吗？他说：妈妈，我不知道什么是结婚离婚，但是我长那么大了，就是大人了，大人们离婚和结婚是常有的事情！

一个9岁的孩子，你能知道一个9岁的孩子脑袋里都是些什么吗？

我开始考虑让孩子接受父爱。

5月2日，我给杨发了信息，让他带两天孩子。我想他作为父亲应该给孩子一个正确的人生观。我希望以后孩子由他来带，孩子如果跟了他，我可以常去看孩子，这样对孩子的心理会更好。但是，我失望了。

离婚时，父母劝我把孩子给了他，我没有答应，原因很简单：给了他，如果我能快乐，也行，但是我会快乐吗？既然不会快乐为什么要让自己受折磨呢？再说了，把孩子给他，那我还离婚干什么呢？

我不想责怪杨，他也蛮累的，除了自私和恋母，他吃喝嫖赌都不沾边。不管我和他是否离婚，我都不会说他一无是处！他怎么对我，我不介意，但是孩子有什么错呀？

去年他跟别人说，我要把孩子给他，就要把他前年拿过来的两万块钱还给他，他可以带孩子。我没有答应。今年当我重新考虑孩子的归属问题，我告诉他，我可以给他钱，只要他带孩子。可是他要我把钱给了他，然后到法院去起诉，让法院来判定孩子的抚养权。我能那样吗？孩子这么敏感，我怎么愿意通过法院弄得满城风雨，让孩子难过呢？一个朋友说我：你真笨，你看人家，同样是生了儿子，人家知道拿孩子做婚姻的筹码。你呢？是的，我很笨，我也知道感情受伤的一方永远是舍不得放手的那一方。我岂止是不会拿孩子做筹码？人家是拿孩子给我做了筹码！

孩子今年上三年级，在一、二年级因为爷爷奶奶家离学校近，中午在那里吃饭，到了三年级转了学，一直没有去过。但是，眼睁睁地看着孩子心理一点点变得世故，我真害怕他大了会埋怨我没有让他跟他的父亲。

瑞霞，你知道我最担心什么吗？我最怕的是他恋母，我的婚姻毁于此，难道还要我的孩子像他爸爸一样吗？男孩子得有刚强的性格、正确的人生观，可这些我能给他多少呢？

好多次，我都想到死，我能理解有些女人为什么会带着孩子自杀，只不过我还有父母，还有责任，我不能那么自私！我也曾想过在网络上给孩子找个名誉爸爸，可又觉得很荒唐。每一个夜凉如水的夜里，都是我最痛苦的时刻，怎么做才对呀？无论走哪一条路，人都会后悔没有选择另一条。真的好累！婚姻的失败没有击垮我，可却被孩子所遭受的伤害击垮。眼睁睁地看着孩子渴盼、失望，多么希望受伤的是自己啊。

秋言所经历的是一个女人的痛中之痛。有人说离婚是婚姻的"安全阀"，打开它，的确能解决婚姻中已有的很多问题，却又滋生出许多新的问题。看到她的孩子因此受到的伤害，我很难过，悲剧的制造者是大人，而受伤最重的却往往是孩子。

我说："如果是两个明智负责的人，即使离婚了，也会共同努力，呵护孩子的心灵，避免不良后果，而现在看，他的父亲责任心比较差，或许是根本没意识到，或许是有意忽略了这一点。你既然选择了现在的生活，就要尽量把你和孩子的日子过得快乐些，孩子需要教导，需要潜移默化地感染，让他从母亲身上感受到乐观向上的生活态度非常重要，母亲的魅力也是孩子的魅力。关于恋母，男孩子在这个年龄可能都有这种倾向。你不必太紧张，生活中多加引导就行。希望你早日找到幸福。"

秋言回答，她没有了别的选择，只能走下去。在每一个深夜里想很多不现实的东西，在黎明破晓的时候回到现实中。

也许很多婚姻都并不是很幸福的，但是婚姻更重要的是责任！一个没有责任的人，不是一个合格的人。可是你能拿他们怎么样呢？

孩子背负的是他这个年龄所不应该背负的沉重，我确实不知道自己该怎么做了！有许多东西是我努力所不能改变的，孩子一天天长大，不知道这样的日子什么时候才是个头。

我没有再婚的计划，一次婚姻已经把我伤得遍体鳞伤，我还会再要吗？

记得有一句话说：用钱能解决的问题都不是问题。现在真的好有感触啊！

谢谢你给我的话，我什么都知道，只是心里真的好难承受。

我会好的，只是时间的问题！这句话我已经说了一年多了，坏心情就像天气一样，总有一天会过去的……

最熟悉的陌生人

我是一只老鹰／怀着理想／在未来的天空下翱翔／突然／我看见了一只美丽的鹦鹉／我激动地对她说／嗨，小妞／俺长相英俊身体强壮／你嫁给我吧／没想到鹦鹉却笑笑对我说／傻瓜，你啥眼神啊／我是风筝……

这个段子的作者是国内著名短信写手戴鹏飞，上个月，我去北京人艺实验小剧场看话剧，是戴鹏飞编剧的《自我感觉良好》，听到这段话又成了剧中男女主人公第一次见面时的台词，引发了不少观众会心的笑声。是啊，最初的惊鸿一瞥如电光石火，看哪儿都好看，说什么都好听。

看完话剧后的某一天的某一刻，我忽然又想到了这段话，当时是在石家庄火车站。列车进站，我在上车的时候，看到了几对即将分别的恋人，他们神态各异，有的在笑，有的在哭，还有一对像沉默的雕像，但他们的姿势却是相同的，都是两人紧紧抱在一起，用身体的亲密抵抗着即将到来的离别。虽然我知道等一会儿开车铃一响，他们就会分开，但还是觉得那样的拥抱会一直持续下去，即使世界末日来临，也不会让他们分开。

去快餐店采访元元那天，是入冬以来少有的一个浓雾弥漫的日子。下楼后我才发现，身上的衣服穿得太单薄了，犹豫了一下，我还是没有返回楼上去加衣服，因为昨天和元元约好，她下夜班后在店里等我，我想还是早点谈完了让她回家休息吧。

我去时，元元刚下夜班，身上的工装还没有脱。她身材有些瘦削，脑后束着马尾辫，和店里的那些年轻女孩没什么不一样，但细细端详，还是能看出她眼角眉梢的几分沧桑，毕竟她比那些女孩大了将近十岁。

早晨快餐里的食客很多，我们没找到一个适合谈话的地方，于是元元带我上了二楼的员工宿舍，打开其中的一间屋子，里面有几张高低床，由于通风不好，屋里有一种不好的味道。元元指着其中的一张床，招呼我坐下。我问："你也在这儿休息吗？"因为在通电话时我听她说过，她丈夫也在市里。我想，他们应该有一个属于自己的家的。元元说，她从老家来了以后，丈夫给她租了房子，但他自己很少回来，她回去也是一个人在那个房子里发呆，所以也不常回去。

我想，一个为人妻、为人母的女人住在这样的单身宿舍，她的感受一定和那些年轻的女孩子不同，那些孤寂漫长的夜晚或者白天她该是如何度过的呢？

元元说，她来到石家庄已经三个多月了，前几天一个偶然机会看到了《燕赵都市报》上我的采访文章，心里感慨很多，所以和我联系，想把自己心里有关婚姻的困惑说出来。

这个工作是我来到省城以后找到的，快餐店服务员是个青春阳光的职业，如果不从年龄角度上考虑，我还是比较喜欢这个工作的，虽然人们都说我外表显得年轻，但我毕竟已经27岁了，儿子都快满两周岁了。

我丈夫这些年一直在石家庄，以前给公司跑业务，现在自己做生意。他人长得很帅，我儿子聪明、漂亮，聚集了我们夫妻俩的优点。在别人眼里我是个幸福的女人，岂不知这几年我心里一直很凄凉，特别是近几十天，我更是心凉如冰。

这事儿还得从六年前说起。

我和丈夫的老家离得不远。初中毕业后，我们分别考入了财经学校和工业学校，虽然不在同一所学校，但是通过初中同学的联系，1998年的时候，我们认识了，彼此都有好感。他那时是班长，长得魁梧、帅气，不拘小节，在老师、同学中有着极好的人缘。

一年后随着毕业，我们失去了联系。直到2001年中秋一个偶然的机会，我们再次重逢。但是，在这分开的两年间，我们都发生了很大的变化。他做了业务员，天南海北四处跑，常常驻外，很少回家，结识了很多男女朋友。我为了生活干过餐厅服务员、打字员，后来在单位做会计。在感情方面我们也都有了一些经历，已不再像当初认识时那么单纯了。

在我24岁那年，家里的长辈给我介绍了一个男朋友，是厂长的亲戚，一名军人。当时我对择偶没有太高的标准，见面后觉得还不错，同意和他相处，在后来几个月的来往中我也感觉到了一点爱情的滋味，便在家里的催促下与他办了结婚证，但一直没举行仪式。

后来，他转业了，到我上班的地方来看我，那时我也不懂爱情，因为领了结婚证，我们便在一起住了几天。在这几天里，我发现我们之间有很多的不适应，他说话做事的方式，我接受不了，而他有时也觉得我很烦。另外性生活也不是很和谐……于是一个月后，我们理智地分手了。离婚后我来到上学的城市，这时候我又遇到了他，我现在的丈夫。

也许是上天作弄人吧！他岁数大了，一直没有合适的对象，而我在离婚的痛苦中不能自拔，很快我们两个由相知到相爱。

他知道了我的过去，是我告诉他的。他注重感情，也很爱我，但同时他又是个大男子主义、自尊心很强的男人，高傲、追求完美的性格使他对我的过去产生了不平衡的心理。那段时间，他甚至见了当兵的就要去打，我能感觉到他很痛苦，但他又离不开我。在很多方面，我们仍旧像过去一样默契，再加上上学时彼此的好感，要不是因为我不是处女，他肯定会把我当成手心里的宝，但就因为这件事，从那时到现在，他的心理障碍一直在困扰着他。

元元说到这儿，我问她："结婚前，你们谈过这件事吗？"元元说，谈过，但那是在前不久，他们才正式地谈过一次。而结婚前，她曾经几次想和他好好谈谈，可每次刚一开始谈，他都表现得很不理性，于是他们便采取了回避的态度，不再触及这个话题。元元问我："过去的事情已是既成事实了，谈不谈又有什么用呢？"我说，既然他已经知道了，还是谈开了比较好，那样你能在知道了他的真实心态的情况下，决定该不该把自己的一生托付给他，而他也应该了解自己的心理承受能力，弄清楚自己能不能解除这个心理障碍，真正的爱你、包容你，并在共同生活的日子里珍惜你。逃避只是绕过了那个障碍，它没有消除，而且还为以后的不幸埋下了伏笔。

我们同居了一年，只要不触及我曾离婚的事，我们一直很快乐。

一年后我发现自己怀孕了，他没提出不要这个孩子，于是我告诉了他家里，他父母立即提出一个月之后让我们结婚。很快家里一切准备就绪，而他在我面前也没有流露出不愿结婚的意思，于是一个月后我就嫁给了他。

结婚后，我和他父母一起生活了两年。这两年里，他一直在外面，按说石家庄离家并不是多么远，可他经常是半年才回来一次，回来也就待个一两天就走。他说，自己在外面跑业务习惯了，没结婚是这样，结婚后还是这样。而我结婚前，在外地上学，然后工作，现在却留在了那个封闭的地方，做家务，看小孩，有时也干农活儿，经常连丈夫的影子也看不到，和外界没有交流，内心非常的孤独和寂寞。后来我想，不能再这样下去了，公公婆婆虽然对我很好，但那毕竟是老人们的家，我要和他一起建立属于我们自己的幸福小家。于是几个月前，我忍不住带孩子来到这里，他给我们娘儿俩租了房子，让我们住下，但自己却很少过来。

来了以后，我发现他与我之间的话更少了，除了知道他在做生意，别的事情我都不知道，还不能问，一问就和我急。我和孩子守在那个陌生的地方，经常几天看不到他。给他打电话，他说，生意忙，没时间回去。

有一天，他回来了，突然提出要和我办离婚，这让我很吃惊。我在半信半疑中观察他的表情，想知道他到底在想什么，他说，他是个追求完美的男人，从心理上接受不了我当年的失贞。又过了几天，他告诉我，他五年前的一位女朋友从国外回来了，他们见了三次面，她并不漂亮，但是两个人有共同语言，有共同志向，要一同创业，他说，那个女人表示可以给他投资，但前提是他要和我办了离婚手续。他还说，如果我想与他继续维持婚姻关系也行，但我要做到不干涉他的私人生活，如果我受不了，就让我另找幸福，别耽误了我的一生。我听了觉得很委屈。虽然当年我离过婚，但有一点我明白，我爱的是他，并且很珍惜现在的家。他说这些话时，我看着天真活泼的儿子一声爸爸，一声妈妈地叫着，心里钻心地疼。我心掏心与他交流，他还是那句话，要不是当年我失足的话，他会一心扑在我们娘儿俩身上的。

这时我才明白，虽然时间已经过去了这么久，那件事还像一根刺一样在他心上。为此，我很恼怒，但也很冷静，我带着孩子回去了，和他父母说了他的打算，把孩子交给爷爷奶奶照顾，然后，我一个人回来，找了这份工作。

前几天他父亲带孩子过来，说要揍他一顿出气，跟我商量，我阻止了。打他一顿又能怎么样？我明白事情的症结在哪里，但对他父亲又不能直说。我只好劝慰老人，先回去吧，我们的事情会解决好的。但具体怎么解决，我不知道，我真的无能为力。

虽然上次他和我说了他与那个女人的事，但我明白，他心里还是在乎我的，我对他也没有异心，可是一想起他的话心里就凉了半截。

那次，他提出办离婚手续时，我的回答是：真想离婚也行，孩子我要，他一次付清孩子十八年的抚养费。他听后沉默了，一是他没有多少钱，离婚的条件并不具备，有外遇也不一定有结果。另外，他其实也不想真的看到那个局面出现，我也不想，但为什么两人到一起就会产生那种伤感和隔膜？这个心理障碍难道要永远存在于我们的婚姻当中吗？

我来到石家庄这几个月，他没再提离婚，但还是很少回来，我有丈夫，却过着单身女人的生活。那间租来的房子，没有家的内容，只是一小套空房子……

我是个母亲，为了孩子，为了我和他的幸福，我要努力，不能一天天在沉默中生活下去，我知道逃避不是解决问题的办法，可我又无能为力……

元元说这些话时，我看着她，想象着她工作时的样子，没有人能透过她的微笑、她轻盈的背影，看出她内心压抑着如此沉重的心事。

越是相爱的人，越容易让彼此痛，而两个人从最熟悉到最陌生也许就在一念之间。但无论如何，一个成熟的、负责任的男人不应该让自己的女人在痛苦中独自挣扎。我告诉元元，的确，家是一种感觉，你在寻找，也许他也在寻找，而仅仅寻找是不够的，要努力去找到。无论何时你都是家里的女主人，即便是只有一个人的家，你也要让自己成为幸福的女主人。

从快餐店出来，元元陪我走了一会儿，她说，那个房子就在附近，她想回家看看。和元元分手后，我也回到家里，泡上一杯普洱茶，然后打开电脑，罗海英的《蒙古人》唱得舒缓辽远，我的心渐渐平静下来，觉得身上温暖了一些……

双人床，单人房

2006 年 4 月 26 日，我的采访手记《我的爱你把它给了谁》发表后的第三天，上班路上，我接到一个读者的电话——"我觉得你给欣儿的回信太好了，我还把它抄了一遍，之后，读给爱人，讲给朋友听。因为其中有那么多向上的，剥去伪饰之后的东西，听了觉得很有用处，即使是对没有这种经历的人。"她这些赞同的话让我很开心，正当我向她表示感谢时，她在电话里提出了一个问题，她说："你在回复里说的那些话很尖锐，但是我觉得某些观点似乎有些偏激。"

做这个栏目以来，我一直力求自己面对各种不同的生活方式时，尽量保持客观公允的态度，但有时发现我真的做不到。这位读者的话让我想到了我听过的另外一个故事，我想，如果这位读者和我一样，了解了这些故事宿命般的开始和结果，她会理解我的忧虑和我的直言不讳。

一直以为我会拥有一段很美很美的爱情，然而对于一个农村女孩来说，那只是我一个奢侈的幻想。初中毕业后，我没有继续上学，而是开始了我的打工生涯。刚到城市时，我对任何东西都感到新鲜，看到橱窗内的玫瑰花开得那么美，我就想如果哪天自己也能得到这样的礼物，那就是一生最幸福的时刻了。

可是，我仅仅是一个农村来的打工女孩，何况我在十六七岁时，就过早地和一个不熟悉的男孩订下了婚约，也就意味着人生最美的爱情还没开始时，便结束了。但是，我不甘心我一生都无法收到喜爱的玫瑰花。所以，我应该好好地工作，找一份属于自己的天空。

每个年轻的女孩在想象的世界里都是骄傲的公主。当她独自走在繁华都市的街头，一切是那样的陌生又是那样的熟悉，无数次梦中的情景在眼前闪现，她渴望玫瑰花的出现，却不会想到通向爱情的道路上有鲜花也有荆棘。可是谁又是做好了足够的心理准备才进入爱情的呢？

刚开始工作很累，也很枯燥，每天早上5：00上班，一直到夜里10：00下班，几乎没有休息的时间。平淡的日子一天天地过着，这一切并没有因我的努力而有所改变。直到风的出现，我的日子开始有了色彩。

风和我一起工作，比我大6岁，如果不是因为那次的争吵，我从没想到我的一切会因为这个已婚男人而改变。记不清我们为什么争吵，但我却记得最后是我主动找他讲和的。以后的日子里我们的关系逐渐暧昧起来，虽然谁也没给过对方承诺，但在彼此的心中已经确信了对方在自己心中的位置。

风没有别的男人那种浪漫，那时我们两个人的工资只有700元，没有花前月下的浪漫，也没有惊喜的礼物，但我们却爱得很深。那时我最高兴的事就是风花1块钱买支冰糕，然后我们坐在没人认识我们的大街上一人一口地吃起来。在一起的日子里，我们从来都不去谈论以后，因为我们很清楚，我们是过了今天不知有没有明天的一对恋人。他有家，有妻子，而我也有一个名分上的男朋友。我从没想过要破坏他的家庭，也没想过要如何说服我父母同意我们在一起。我只是想要被爱的那种感觉，只想奢求一回爱情。

有人说，做第三者的都不是聪明女子。想想这话也有些道理，聪明的女子，对于这种明显带有悲剧色彩的爱情，在尚未开始时便会选择远离，而不是沦陷。爱情并不是瞬间便深陷其中的，从有了某种感觉到爱的难舍难分需要时间的积累。如果遇到的是一个不该爱的人，在深爱之前抽身离去，是最好的选择，一旦错过了最佳时机，便有可能陷入身不由己的境地。

相爱一年后，我们都离开了那个地方，来到一个新的工作环境。风因工作出色升职，我们的收入都有所上升了，我们的需求也不再是一根小小的冰棍了。风在一个醉酒的夜晚，和我有了我的第一次，看着风愧疚的眼神，我告诉他，我们是相爱的，他不用为此负任何责任。

那段时间是最快乐的，风不再顾虑别人的看法，而我也不再逃避别人的眼神，如果那时上天要我对我的一生做一个决定，我想我会毫不犹豫地放弃一切，追随他一生。

然而就在我最徘徊不前的日子里，风的家中传来了消息，他妻子怀孕了。也许在那时我默默地离开他是我们之间最好的结局了，但是我没有，我还在等，等那个没有结果的结果。

半年后，风回家了，他的孩子就要出生了。送风回家的路上，我不停地笑，虽然我是那么的痛苦，但我不让他看见我伤心的那一面。

风走后，我生病了，呕吐、恶心，我害怕了，去了医院，医生告诉我"你怀孕了"。我不知所措,想留下这个孩子,可是我有什么理由去留他呢?八月十五那天,我拨通了他的电话,想把这个消息告诉他,可是我还没开口,电话那边却传来了他的笑声,他妻子为他添了一个儿子。我的心碎了,为什么那个孩子可以在人们的惊喜中出生,而我的孩子却要在出生前就离开我,擦干脸上的泪,我独自跨进了我不想跨进的那扇门。从医院回来,我丢掉了医生开给我的药,也在那一天,我第一次知道了什么是喝醉的感觉。

这类故事中的女孩都经历了一个大致相同的过程,因为寂寞而迷恋被爱的感觉,然后因为想要得到更多而心里不平衡,但痛苦的同时,又沉醉于自己的牺牲和付出。她们觉得痛是因为爱,或者相信爱情本身就应该是痛并快乐着。

在生活中每个人都会对那些有可能伤害到自己的一些人、一些事心怀警惕,这是人一种本能的自我保护,可是当伤害以爱的名义进行时,为什么我们会把自己当做祭品送上去呢。

在这个故事里,我不想指责这个男人有多么的自私,但是起码他不够善良。

以后的日子里,我没有了欢笑,我把他所有的衣服洗干净又叠整齐,因为那是排解我对他的思念唯一的办法,我知道,从那时起自己对他不单单是想要一场爱情了,我想要的是与他相伴一生。一个月后,他回来,同事们纷纷祝福他,听着他们的笑声,我感觉每个人似乎都在耻笑我,风不会因为我付出得多而给我更多的爱,他给我的已经到了尽头,不管我再去怎么奢求,我得到的也不会更多。

我的不愉快引起了风的注意,他在我面前不再提起他的妻子、孩子。他认为不说这些，我的心情会好。我的心情在风回来几天后变得平静了，我以为这些就过去了。在一次整理衣物时，风发现了我的病历本，问我怎么回事，我把他走后发生的一切告诉了他，他紧紧地抱着我不停地吻我，我的泪流了下来。是幸福、是痛苦，我也说不清。

日子过得很快，转眼四年过去了，由于工作调动，风被调到另一个城市，我平静地接受了这个事实，毕竟我不是他一生的伴侣，也许分开会让我变得成熟。这样的结束，不是我们所期望的吗？

风走后，我生活得一直很平静，每天晚上我们互通信息。由于工作不顺心，风辞了工作回家了，而我也陷入了更加空虚的等待中。我才发现，其实我是那么的不重要，他回家了，我连听听他声音的权利都没有了，这个情人当得好累。慢慢地，我把对风的感情转移了，我接受了另一个男孩的追求。每天晚上是最想念他的时候，于是我学会了上网，一天天迷迷糊糊地过下去。

回想起来，那时的我生活得并不快乐，而现在随着年龄逐渐成熟，当我学会了理性地面对生活，我感受到了生活的安全和坦然。其实人都喜欢阳光下的快乐生活，愿意过正常而幸福的日子。

所有的经历都是无可替代的，疼痛是青春必然的代价，但疼痛之后得到的是什么，这很重要。

半年后，风告诉我，他有了一个新的工作，让我回到他身边。我丢掉了所有的一切，来到风的公司。风给我安排了一份不错的工作，每天我们一起上班，下班后一起回我们的小屋，我们过得很快乐。天空中飘着很多的风筝，风告诉我，他是飞在天空中的风筝，而我是拉着风筝的那根线，无论他走到哪儿，他的心中也牵挂着我，我们是一起的。

快乐的日子总是很短暂，有一天，风告诉我，他的妻子和孩子要来这儿了，我笑着说，好呀，我要做你儿子的干妈。风说，他妻子会长期住下去，房子他已经找好了，过几天他就搬走。我愣住了，我的泪流了下来，虽然早就知道我们会分开，但是没想会这么快。我问他，为什么还要让我来这里，如果知道他妻子会来，我就不会放弃我原来的一切。风很无奈地看着我，他没想到我会有如此大的反应。

我的哭泣与泪水改变不了任何事，同样也没有改变风的决定。他搬走的那天，我哭了好长时间，风没有安慰我，只是说，事实就是如此，让我不要任性。我拿着他的衣服不肯放手，风头也没回地走了。我抱着他的衣服，呆呆地坐在曾经如此温暖的床上，感到一阵阵的冰冷。

从那天起，每天看着他穿梭在单位与家之间，看着他忙碌的身影，我才明白，情人到最后都会是这样的结局。抬头看着满天飞舞的风筝，我在心中说，我牵着的那只风筝没有了，我就像那根没有风筝的线，在风中来回地飘动。

我和风的争吵渐渐多了，我无法理解他的做法，他也不能包容我的任性。我不再想奢求这场感情，我不想要橱窗内的玫瑰花了，我想回到当初的起点，可是我丢失了回去的路，我已找不回当初的自己了。

想到今年我就要和我那个有名分没感情的男友结婚了，也许今生我和风再也不能相见，我的心一阵阵地疼痛，我付出了那么多，可是到最后没有得到我想要的，当初和风在一起时，没想过要有结果，可是如今我真的在奢求结果时，却发现自己根本什么也得不到。

也许每个人都会说，我是这场感情中的第三者，错的是我，风的妻子是无辜的，可他妻子直到现在都不知道我的存在。风有选择的权利，他选择了家庭，而我呢？我付出得最多，也是最伤心的一个，最后不但没有得到我想要的，而且还是人们眼中的罪人。

感情是一条河，每个女人都要到对岸找属于她的男人，我也过了这条河，可我的另一半却牵着别人的手走了，留下我独自站在河中哭泣。奢求的爱情是不可靠的，不管你付出多少，也不管曾经你得到了多大的快乐，到最后都会是以泪水来终场。

"当混乱与伤害让你疼痛不堪，只有你自己能让这一切结束。"我给她发出这样一条信息，没有收到她的回答，我把电话打过去，她的电话停机了。一个号码的停止是否代表着一个故事的结束，一段感情的彻底终结呢？而终结又往往预示着一个新的开始。希望是这样的。

给自己许一个未来

　　临近春节的那几天里，我收到了一个名叫如月的女人写来的信。她在信中说："每当年关迫近，我都会有一种悲伤、害怕，甚至是愤怒的情绪。因为对他承诺的坚信，我付出了 10 年的代价，而这还远不是终点。一天天的坚持，只为了给孩子一个有正常的'家'的机会，但这一天是不会有了。我相信，这世界上害怕过年的人有很多，也不仅仅是我们这样一个群体，但我知道，视年为'关'的人，大多有着心灵创伤，不管我们是强者还是弱者，我们应该互相鼓励共闯这一关。你说是吗？"

　　一个害怕过年的女人是个什么样的女人？她曾经有过什么样的经历，她现在生活得怎样？除此之外，我还通过信中的寥寥数语，触摸到了一个女人、特别是经历丰富的女人所独有的那种对生活苍凉而细腻的感受，和对自己内心世界的清醒分析。我决定找到她。

春节刚过，我去了她家，一路上看到爆竹的碎屑在地上随风翻飞，曾经浓郁的节日气氛正一点点地消散。路旁的音像店里传出了熟悉的旋律，"流水它带走光阴的故事，改变了一个人……"是啊，时间总是这么不露声色地向前走着，它从不会在意人们对它的感受。

在一个新建的住宅小区里，我找到了一座墙壁上涂着花草、动物图案的小院，这是如月开办的幼儿园。我去的时候，如月正等在门口，她身材单薄，脸颊清瘦，额头却很饱满，脸上没有化妆的痕迹。进了院子，如月带我走进这幢二层小楼，一些孩子在楼下睡午觉，露出一排毛茸茸的小脑袋。来到楼上，我在她和女儿的房间里坐下来。屋里有些冷，床的对面只有一个书橱和一张写字台。

来这之前，我已经从电话里知道了她的一些经历，我问："春节过得好吗？"她笑笑说："还不错。是和幼儿园的几个孩子，还有他们的母亲一起过的，她们有的离婚了，有的老公在外地没回来，我们几个一起包饺子，孩子们在一边玩儿，还挺热闹。"就这么几句话，让我了解了如月目前的心态以及她的心理承受能力，也使我打消了疑虑，对这次采访有了信心。这是一个能够面对自己的过去，并直面自己现在和将来的女人。

"怎么说呢？有时我会这样评价自己：一个失败的第三者。"如月开始向我讲述她和那个男人之间发生的故事。她5岁的女儿抱着一个名叫"千年虫"的布玩具不时地跑进跑出，有时还坐在一边读图片上的英语单词，我发现她并没有刻意地回避女儿。

10年前，我走进了他的生活。他姓王，是一个老板，我在他的工厂里打工。我当时有男朋友，是个南方人，我们经常通信，很谈得来。因为父母的反对，一直没有结果，我心里很苦恼。他那时呢，40多岁，正是一个男人最具魅力的年龄，事业也挺成功，可他的家庭生活却并不幸福，他和妻子感情不太好，而且他妻子有严重的心脏病，常年住在医院，家里没人照料。最初我对他只是敬重，可后来，有一件小事，不经意地改变了我的感觉。记得，那天我和他一起出去办事，坐在他的车上，我无意间看到他的裤脚上有几个显眼的歪七扭八的针脚，我随口问了一句："你这裤子……"他没吭声，只是慢慢地抬起头来，意味深长地看了我一眼，我发现他的眼里竟盈满了泪水，也许一个男人的无助比一个女人的哭诉更能打动人吧！就在那一刹那，我的心动了，软了……就从那时起，他一下子占据了我的整个身心，我心中充满了对他的痛惜。很快，我们之间超越了正常的关系，发生了不该发生的，直到生下了女儿，直到陷入今天这种境地。

此时，重提起这些尘封的往事，如月像一个旁观者看着当年的自己一步步走进那个情感的陷阱，却无法再为那时的选择做出丝毫的改变。而对于我来说，由于听过不少类似的故事，所有当事人以为独特的经历，对我而言却有些大同小异，我只是在想，为什么会有那么多的女孩儿一再重蹈这样的覆辙，难道这也像飞蛾扑火，作茧自缚一样在劫难逃，属于命运的安排和造物的捉弄吗？我注意到如月在说起这些时，没有像有些女人那样一味地懊悔自己或者指责对方，她更多的是一种客观的陈述。

他为我租了房子，我们开始同居，那时他对我有过婚姻的承诺，他说已经和妻子提出离婚，在生活上为她做出安排，他妻子也同意了，手续很快就会办妥的。他还在亲友面前公开了我们的关系。我当时很单纯，他的每一句话，我都深信不疑。我想得也简单，就想着在他闯荡世界的时候，给他守着家，让他每天回来，能吃上热饭菜，而等他老了的时候，每天陪他散散步，到处走走。然而我的梦想很快就被现实击碎了。他的妻子找到我说，求求你了，我和孩子都离不开他。我说："我离开了，你们还能过下去吗？"他妻子说："能。"于是，我对他说，伤十指不如断一指，还是我走吧。当时，我已经怀孕两个月了，我一个人去药店买了堕胎药服了下去。

正在我身心交瘁的时候，南方的小刘又一次向我求婚，我答应了，还是他亲自打电话通知小刘到河北来的。临去南方的那几天，我和刘住在一家宾馆的二楼上，每天，都能看到他呆呆地站在街对面，当时只感到心痛，却恨不起来他。

我和刘到了南方，刘心地善良也非常善解人意，我们处得很好，唯一缺少的东西，我觉得应该是激情吧。我记得刘曾幽怨地对朋友说，我家阿月从不主动吻我一下。现在想想，那是一种简单而又温馨的日子，主要是心里特别坦然，当时我也想，一辈子就这么过吧。可能是命中注定我无福消受那种平静的日子，他的信很快追了过来，托朋友打的电话也到了南方，说他已和妻子协议好离婚，即使我不可能再回到他身边，他也一定要见我最后一面。阴差阳错，我和刘的结婚证因为手续不全而没办成。我动摇了，这也许是天意吧。于是我离开了刘，又回到了这边。

回来后，我才知道，在我离去的一个月里，他不理发、不剃须，甚至绝食，每天找我的朋友恳求她们劝我回到他的身边，并再次给我婚姻的保证，一个月写了300封未发出的信来表白他的感情……他的所作所为，像一杯烈酒，让我再一次沉醉了。

我们又同居了，不久我又怀孕了。他让我生下这个孩子，他说，只需三五个月的时间，他就会和我结婚的。说真话，那时我心里其实很矛盾，有几次我来到了医院，医生在为我做 B 超时无意中说了句"小孩发育得特别好"，我的眼泪马上流了下来，我怎么忍心再上手术台呢？

如月说到这儿，声音有些哽咽，这也是整个叙述过程中，她少有的、控制不住的失态时刻。而在更多的时候，她只是微微皱着眉，一边回忆一边又像在思索着什么。

预产期快到了，有一天，他突然说，你不能在这儿住了，市里要检查计划生育，你先回老家避避吧。我不是没怀疑过这可能是他的托词，可他越是不敢承担责任，我便越坚强。我回到乡下老家，生下了女儿。这时我才明白，他所有的承诺只是一个承诺而已，不但离婚没有任何进展，就连原来的住处我也回不去了，他已经退掉房子，去外地经商了。孩子出生后，有知道孩子身世的人曾提出要抱养这个孩子，我都回绝了。我想既然我生下了她，无论吃多少苦，受多少委屈，哪怕她长大后恨我怨我，弃我而去，我都要把她养大。

她说，本来她想和孩子在农村靠养猪来维持生活，可是村里人怎么能容忍她和她来历不明的孩子呢，她只得放弃了这个打算，带着 5 个月大的孩子去外地找他。他说，这需要时间和钱，他这边的生意刚开始，事情多，手头又紧，顾不上她。那时她每天给孩子用电炉子煮一点粥，孩子哭闹时，就给她块白菜帮吮着。几天后，她带着孩子走了。这时，她才渐渐地明白，当初的爱是多么的轻率和盲目，她忽略了责任和良知，忽略了人生的所有要义，也因此注定了要为它付出惨痛的代价。

这几年我带着孩子卖服装、打工，吃的那些苦是正常生活的女人难以想象的，何况还有那么大的心理压力。作为一个未婚母亲，我没有社会身份，却又必须在社会中生存。社会的歧视，经济的压力，每天我的身心都像在炼狱中受着煎熬，每一个关于婚姻、家庭的话题，都让我的心紧缩成一团。我和他之间也从此开始了长达近五年的争吵。每次他来看孩子时，我都和他大闹，要么正式结婚，给我和孩子一个家，要么一刀两断，而这两条他都做不到。头几年，他还一直说他绝不是言而无信的人，要我给他时间。后来，有一天，在我又和他吵时，他终于说，离婚已经没有可能了。我明白他的意思，那边的孩子越来越大，他的工厂不景气，他自己也一年年见老，当年没能做到的现在更不可能做到了，于是他终于承认他已彻底放弃当初所有的承诺了。其实，我知道这一天迟早会来的，我只是不愿面对自己的失败而已。当我终于知道了这最后的结局，我给女儿改成了现在的名字"一诺"。

　　我这才明白了她女儿名字的来历，她是在提醒和期盼这世上的所有承诺都能"一诺千金"啊，然而，时过境迁，物是人非，有多少最初的许诺能经得住时间的考验，而没有变成阳光下飘荡的浮尘呢？更不用说她故事里的那个自私男人许下的诺言了。在最初的情感放纵时，他想过作为一个男人的责任吗？而在那之后，他或许又想对得起身边所有的人，可结果却是让妻子、她和孩子们都因他的所作所为而受到了深深的伤害。

　　当时虽然心里什么都明白了，但我还是接受不了。在一场大闹之后，我对我的好朋友大叫：我不要再见到他，就当他死了吧！我的朋友却说，你连平静地面对他都做不到，你怎么能当他死了，你要摆脱他的阴影，就不要回避他，而当他是个普通人。我觉得朋友的话有些道理，我到了该正视自己一切、抬起头向前走的时候了。从那之后，我不再和他吵闹，也没有阻拦他来看孩子，但从心里已经不在意他了。在所有的幻想破灭之后，我开始认真地为自己和孩子的将来做打算，在这个世界上，除了自己没有人能为你保证什么。

从最初的迷失，到现在自我的回归，其实所有的改变都不会在某一时刻突然降临，它是在漫长的过程中一点点到来的，就如同大浪淘沙，时光的流水也终将漂尽所有虚妄的杂质，把真实的答案呈现给你。在交谈中，我发现她此刻的心境与春节前写信时相比就已有了很大的不同。

我看到每当如月提到女儿时，脸上的表情总是特别温柔。她告诉我，女儿特别聪明，喜欢读书、唱歌、跳舞、绘画，现在才5岁半，已经认识3000多字，在学习小学三年级的课程了。她辞了原来的工作办起了幼儿园，从租房子到买东西，都是一个人干的。她这样做，一是因为自己有这方面的特长，想在幼儿教育方面有所发展，再就是想给女儿一个宽松的空间，让她自由健康地成长。她说，她并不想让女儿成为多么出色的人，但要培养她良好的心理素质和学习习惯，这也等于给了她一双翅膀，这样才能飞得高、飞得远。

我问她："那么你怎样来消除目前这种生活对孩子心理产生的负面影响呢?"她说："单亲家庭对于孩子成长的不利是客观存在的，我也不可能不担心孩子在身世问题上受伤。原来我总以为孩子还小，不知道这些，可有一次，有个朋友问了一句：'你爸爸喜欢你吗?'孩子听了，突然就趴在床上大哭了起来。当时我的心都碎了。可仅凭我的愿望我能给孩子一个完整的家吗？我只有希望孩子能看轻、看淡这个现实，像面对刮风、下雨、出太阳一样，感到很正常。现在看来，孩子性格很开朗，心理素质也还不错，对这一点我还是感到欣慰的。春节过后我准备着手把过去的事情做一个了断。我还计划等有了一定的经济能力，带孩子走得更远一些，彻底摆脱过去留下的阴影，让她长成一个独立而快乐的人。"

我又问："你对自己将来的婚姻有什么打算呢？"她想了想说："等待一个能理解我，并能接纳孩子的人。其实我和孩子都很需要一个完整的家的包容，但这要看缘分啊。"

你的游戏我永远不懂

　　初秋，廊坊，多云转阴，有风。透过宾馆的玻璃向外望去，天空晦暗不清。那天下午，我听着林曼说她的故事，可能是身上的毛衫长裙有些单薄，我感觉周遭淡淡的寒意一点点渗到了心里。林曼进门时穿了一件咖啡色的半长风衣，直到离开风衣一直穿在身上。那天我和林曼的交谈也是从今年风衣的流行款式开始的。

　　林曼不是靓丽出众的女人，但身上有一种含蓄、淡雅的韵味，没有化妆，一双人们普遍喜欢的双眼皮大眼睛，让她显得很温婉，有一种与她的年龄不太相符的沉静，然而随着交流的深入，我发现她的内心很单纯，不像她外表给人的感觉那么的成熟。在讲述过程中，她不时地向我流露出她的困惑，与其说她需要我的倾听，倒不如说她想通过我的反应来求证什么。

　　她也许不会想到，在她面前的我，很多时候并不像她想象的那样理性，面对人性的复杂，我也常常和她一样迷茫，当有些东西超出了自己对生活的理解，我也和她一样觉得不可思议。那天下午，林曼几次停下讲述，用她那双好看的眼睛望着我，我只好和她一起分析那些让她不解的事情，有时实在得不出明确的结论，我们就相视一笑。

人们常说，家是围城，我觉得我的家更像是个空城

我今年 28 岁，在一家私企做人事主管。

我是一个离异的单身女人。24 岁那年，经人介绍我认识了我的前夫伟冬。他大我两岁，是企业里的技术员。我们平淡相处了一年零十一个月，2002 年 5 月结了婚。我们的结合从一开始就缺乏所谓的激情与浪漫，甚至连那种青年男女之间的游戏心理也没有，只是年龄到了，为了应付家人，例行公事而已。

婚后的生活和婚前一样的平淡，我丝毫感受不到别人对婚姻、家庭所描述的那种美好、快乐，有的只是日出而作、日落而息的重复。一年多的婚姻生活使我产生了无法形容的厌倦。

家里什么都有，又好像什么都没有，房子是结婚前买好的，不用像别人家小两口那样辛苦地攒钱，但越这样心里越空虚。白天我们各忙各的，只是晚上回来了，在一张床上睡觉。我在私企上班，竞争激烈，不想要孩子，共同生活了两年，我们几乎从没有一起面对过什么事，也没有建立起那种相互依恋、相互依赖的感情。有时生气了，他或者我回自己父母家住几天，对方也不觉得缺少了什么。以前我学过很长一段时间的国画，有一次我把自己特别喜欢的一幅作品裱好，在家里挂起来，他回来后，连多一眼都懒得看。有人说，家是围城，可我觉得我的家更像是个空城。两年里，我们提过三次分手，却又一直

那样维持着。只是我渐渐明白，我和他都还年轻，不能这样让生命白白消耗下去，应该像蚕那样突破束缚自己的那层茧，给彼此一个解脱。

今年的7月7日，午休时间我在单位上网，无意间进入了一个聊天室。里面有很多的房间，我选择了"伤心往事"，取了个名字叫"众里寻他"，就是因为这个极具诱惑力的名字，让我认识了陆平。

他在网上的名字叫"白石"。我问他：是姓齐吗？有些调侃的味道。距离上班的时间很近了，应该不会有超过10分钟的交流，我想随便聊几句，他却告诉了我他的名字、电话，还有他的年龄和工作，我也毫无戒备之心地告诉了他我的手机号码。下了网，手机马上响了，接通后对方说他就是刚刚和我聊天的人，当时我有些慌乱，因为以前从没有过这种经历，这也不像我一向谨慎的行事风格。

我和他寒暄了几句，他用了"有缘"这个敏感的词汇，我也想，于万千人中相识，何尝不是有缘呢。我安慰自己，我需要朋友，而网络也是一个结识朋友的渠道。这的确是我认识陆平的初衷，只是后来发生的事情，打破了我的幻想，让我明白，男女之间不存在真正意义上的友谊，如果现在谁还相信异性之间可以做朋友，我想那人一定是个"超完美主义者"，因为在现实生活中那是根本不可能的。

应该说和陆平的相识以及后来发生的一切都是他主动的，而我却配合得很好。是那种潜意识里的好奇与空虚，让所有想不到的事情统统不但想了，而且还做了。

起初和他在电话中谈及的话题大致是各自的生活及工作。他今年33岁，是学机械的，现在从事的工作是机械程控软件的开发，经常出差。他还主动提及了他和妻子的一些事，他妻子在银行工作，比他小3岁。通过他的描述，我感觉他是一个得不到家庭温暖只好试图在婚外寻求安慰的男人，对他隐约有些同情。几天后他提出见面，开始我回绝了，但是在好奇心的驱使下，最后我还是答应了周六上午的见面。

见面之前，我一直很不安。这个男人和我一样被婚姻压抑着，一样有着一颗不安分的心，这样的两个人见面会有什么样的后果呢？我不敢去想，只是对自己说，挑战一下自己吧，也许会有意外的收获呢。

我没有指责他冒昧，也没有表示接受，但我明白这只是个开始，最终的结果只是时间上的问题

7月10日那天，天气有些阴沉。我骑着电动车去赴约，就在距离会面的公园不到一公里时车忽然断电了，我打了报修电话，又给他打电话，他说没关系，他过来接我。几分钟后，一个人骑着摩托车过来了，就在我判断来人是不是他的时候，手机响了，对方就是自己要等的人。那人渐渐近了，停在我面前，我主动伸出右手，说了一句："终于见面了！"他没有特别的表情，有些迟疑地伸出了手，好像没想到我会是主动的一方。他摘下了头盔，头发很短，像他在电话里形容的那样，但他给我的总体感觉与想象的不太一样，通电话时他有许多话，但现在却有些沉闷，举止好像若有所思的样子。大约过了15分钟，电动车售服人员把我的车带走了。他骑摩托带我到了公园。

那天我并没有刻意打扮自己，还是平日常穿的一条七分裤，一双黑色的达芙妮凉鞋，一件中袖的黑色上衣。聊天时他继续灌输给我的是他有一个缺乏温暖的家庭，虽然事业上得意，却总感觉人生有欠缺。我尽量做好一个倾听者，偶尔附和他几句。我的经历很简单，没有什么值得特别提及的。

散步的过程中，他接到了妻子的电话，紧张得几乎失控，挂断电话后握了一下我的肩膀，说是很紧张。他的这种表现让我觉得很尴尬，明白和他维系这种关系根本就是个错误，以后会有很多这样的"盘查"，这只是个开始。

这时他提议一起去划船。船在水中浮沉，这一刻，还有眼睛看不到的另一面，那就是两颗同样沉浮的心。这时他终于说出了约我见面的本意，那就是他想找个"情人"。当时我不知道自己怎么会那么镇定，竟没有流露出惊讶的表情，只是淡淡地说：也许这是社会环境造成的，人的压力比较大，在家庭中又得不到期望的理想化的满足，才会有这种想法。我的回答应该是很合适的，没有指责他冒昧，也没有表示接受，但我明白这只是个开始，最终的结果只是时间上的问题。他很知趣地说，其实这就是他的一个想法，而我无论外在条件还是谈吐气质都很符合他的标准，但他不会勉强我。最后我们约定做个朋友。他大我 5 岁，我说叫他大哥，他笑着不置可否。我问他知不知道现在有一个词汇叫"第四种情感"，一种不扰乱对方家庭的婚姻之外的异性交往。他说不知道，但感觉很新鲜。余下的时间我们就过得很轻松了。

这时他要回家一趟，用家里的座机给上班的妻子回个电话，好证明他在家，看他小心的样子，我觉得他真是挺不容易的。他邀请我和他一起去他家，我知道我不应该去，可他很真诚地说，只是坐一坐，否则把我留在楼下太不礼貌了。不知是被他的诚恳打动了，还是也想多了解他一些，我和他一起上去了。

他家在四楼，面积很大，装修算不上奢华，但很整洁。他给我倒了一杯水，说这是他家里唯一的一只杯子，原本是一对，另一只在妻子和他吵架时被报废了。我到他家的卫生间洗了一下手，他特意拿出了一块没有用过的"舒肤佳"香皂，我感觉他是个很心细的男人，后来我才知道他妻子居然会更心细地盘查这块香皂的使用原因，问他是不是有人来过了，我真的很佩服那个女人，能够做到这一点，足以证明她对这个家的重视和对老公的了解。

我看了他的书房，书不是很多，大多是专业方面的。卧室是个隐私的地方，我没有进，其他房间简单看了一下，我问他怎么没有他们夫妻俩的合影？他迟疑了一会儿说，其实这是他的第二次婚姻，因为一些不可挽回的事，他和前妻离婚了，但他仍旧对前妻很眷恋。听到这里我仍然没有表现出惊讶，也许是多年的人事工作让我接触过各种类型的人，能够做到处事不惊。一个男人遭受过一次失败的婚姻，在重新建立的家庭中依然得不到温暖，我更加深了对他的同情。

　　在他说这些的过程中，我看到他眼中的泪光，我安慰他，让他多想些好的方面。他有些忘情地拉着我的手，我没有太抗拒，虽然不想这么随便，但我对他的同情，使我不忍让他有受冷落的感觉。也许是我的让步纵容了他，他竟把我紧紧拥在怀里，我真的害怕了，很坚决地挣脱了。这时他也意识到自己的行为有些不妥，连忙道歉，说是情不自禁。我稳定了一下情绪对他说：我是林曼，我不想被当做别人的替身。他说，我也不知道是怎么回事，怎么做出这事儿，你放心，以后不会了。我说，我们今天才只见过一次面，说什么都太早了，像我们这个年纪做事情应该理性一些。他表示同意。

　　接下来他提议一起吃午饭，因为他是一个人，我同意了。我们一起到了"味好佳"牛排馆，他吃东西的样子很腼腆，也许是第一次和我一起吃饭有些紧张吧。吃过午饭他带我去取了电动车，已经是下午一点多了，分开时他有些依依不舍，说下午也没事，可以还在一起，我说不用了，我休息一天不容易，也有些累了，还是各忙各的吧。我和他握了一下手，告诉他：认识他很高兴！

我和他见面的初衷就是想证明一下自己是否还是一个有吸引力的女人

这就是我和陆平第一次见面的过程。现在想想那天真的是和自己打了个赌，我从来没想过自己会通过这种方式去和异性接触，但这次和陆平的见面，却让我觉得自己在这场赌局中占了上风或者说是赢了。最起码我可以从陆平的言辞中看出他对我并不反感甚至有些欣赏。也许我和他见面的初衷也就是想证明一下自己是否还是一个有吸引力的女人吧。

那时我还没有离婚，我承认自己这样做对婚姻有些不负责任，但我真的渴望自己能有所突破，因为那种平淡简直让人窒息。

与陆平见面后，差不多每天我们都很频繁地通电话，阴雨天他问我穿得够不够，用不用来接我下班；很热的中午他给我送来水果；我喉咙痛时他给送来金嗓子喉宝；午休时间短我中午不回家吃饭，他居然提出要在我公司附近找套房子，每天中午来给我做饭。渐渐地我习惯了有他关心的日子，应该说一个已婚女人在家庭中得不到的那种体贴和关怀在他那里都能够得到。但我们的交往还是遵循着游戏规则，很小心。我从不主动给他打电话，他在家时，也不会给我打电话。

这时我和我丈夫的缘分也走到了尽头，起因是件小事，但却是积怨已久。他一直对我的工作不满意，只要公司里加班或有活动，不管时间长短，回到家总是要冷战几天。我真的过够了小心翼翼看他脸色的日子。那天晚上，我参加同事的生日聚会回家晚了，他又是一副不理解的态度，我实在受不了，主动和他谈了分手的事，我们很平静地约好了办离婚手续的日期。为了尽快摆脱束缚，我做了最大的妥协，家里的东西我都没有要，我觉得我有能力让自己过得更好。

父母对我的离婚决定不能接受，但我用行动告诉了他们这是我的最终决定，他们也就不再干涉。在约好的那天我和伟冬办理了离婚手续，整个过程出奇的顺利，不超过20分钟，给我们办离婚手续的竟然和当初为我们办结婚证的是同一个人。两年的婚姻因为缺乏信心、缺乏理解就这样止步了。

我一点儿也不难过，这一点有些出乎自己的意料，但正是这平淡的反应让我相信我的决定是对的。

我不可能当做什么都没发生过，也不想一个人孤单地度过这段特殊的日子

在我婚变的这段时间，陆平出差了，知道了我这边的状况，他先是让我慎重，当他明白无法让我重新再回到丈夫身边后，向我表白他的本意没有改变，还是希望能和我在一起。当时我在感情上一片空白，对他的提议有些抵触，但没有回绝。陆平很认真地说我做错了件事，偷了他妻子的丈夫的心。我反驳说责任不在我，是他妻子的丈夫不好。我们像是在说绕口令，其实是两个成年人在试图通过这段话来表白什么。

在他回市里的前一天晚上，他很沉重地说："回家后，就不能像这样给你打电话了，我还是要顾忌她的感受。"我猛地回到现实中，是的，他有家庭，而我只不过是不经意中扮演了不光彩的角色。在我面前有两条路，要么和他无所顾忌地继续下去，要么和他断绝一切联系。但两条路都很难，我不可能当做什么都没发生过，也不想一个人孤单地度过这段特殊的日子。现在想想，自己真的是太幼稚了，没有什么事是那么单纯的。

我想享受现在，但我也劝告自己，这种关系的背后蕴藏着太多的隐忧，风险与快乐并存。而结果正像我担心的那样，尽管我们都很小心，但百密一疏的事还是发生了。

8月4日，他打电话告诉我他回到单位了。快下班时我打他单位电话，没有人接，我用公司的小灵通打他的手机，还是没人接，我意识到自己太莽撞了，挂断电话后，我忐忑不安，感觉有事要发生。果然一会儿电话响了，对方询问："谁找陆平？"随后一连串地问："这是哪儿的电话？你是谁？你们公司在哪儿……"同事不知道刚才的事，对方最终也没问出个所以然来，却把我吓得够呛。没过多久，那个女人又打来电话，还是不断地追问是谁打电话找陆平，同事很恼火地和她解释了半天，气愤地挂断电话，说这女人有毛病。我已经紧张到了极点。

下班后陆平在马路对面等我，看到我快到了，他的表情很复杂，好像是暗示我什么，我把车停在前面的路口，这时从后视镜中我看到他正和一个女人说话，也许他妻子找来了，"兵贵神速"，太佩服她了。我有些慌乱地骑车先走了，一路上手机响个不停，是一个陌生的号码打过来的，我没敢接。后来找了名保安替我接电话，说是个男的打的，我才放心打过去，是陆平，我对他说了电话穿帮的事，他说：我马上赶过来。我很矛盾，又很想知道事情的真相。5分钟后，他到了，我向他道歉，都是我不好。他却说没事，告诉她打错了电话就好了。他替我推着车子，说要送我一段路，就这样我们第一次在太阳没有落下之前，没有顾忌会被熟人碰到，走了很长一段路。第二天，他告诉我，昨晚他一夜没睡，他妻子几乎盘问了他整个晚上。

这次之后，我和他的关系更加不确定，也不知道能持续多久，危机几乎时时处处都存在，但也正是这种恶劣的、需要我们并肩作战的境况，让我们的关系有了迅速的发展。

三天后他又要出差。中午一起吃的饭，饭后时间还早，在他的邀请下，我们又去了他家。一起经过了那些事后，我们的关系已经很微妙了。他给我倒了杯水，开了空调。沉默了一会儿，我还没弄明白他要做什么，他已经把我抱在怀中，刚开始我有些抗拒，但慢慢地我放纵了自己，这是我和他的第一次接吻。

又是几天的分别，这时我已经默认了和他的特殊关系，电话里我们几乎像一对亲密的恋人，无话不谈。我多少也体会到了那些"第三者"的无奈。我希望他能主动对我说"我想和你在一起"。而他对我说的却是他不会放弃他的妻子，因为有一种责任必须要承担，还有如果分开的话他就什么都没有了。我不明白，他口口声声说爱我的同时，还可以和另一个女人一起生活。虽然这样，我还是把一份飘忽的感情寄托在他的身上。他告诉我 8 月 12 日回来，正巧是他的生日，让我订个房间，想和我在一起，我们都是经历过婚姻的人，当然明白这其中的含义，我犹豫过，但想了许多和他认识后的种种，他的善解人意，还有我对异性的在心理和生理上的需求，最后还是同意了。但我没有想到的是，这种"幸福"居然是那么短暂，就像一块华美的丝绸掩盖不了原本龌龊不堪的本质。

不知道当时的自己怎么会那么执迷不悟，如果果断地回绝他的约会，就不会发生更多的事，但现在说什么都晚了

那天我像往常一样上班，但是心里极不平静，因为和一个有妇之夫要做的那件事是要经过矛盾斗争的，这种行为是被道德伦理所不容的。不是说有因必有果吗？如果真的有报应的话，不知道我们应该下到哪一层地狱去承受苦难？正想着，不知道是不是他们夫妻之间真的有什么"心理感应"，手机上出现了他家的电话号码，他已经到家了？

他妻子知道了？还是出了什么状况？但有一点是肯定的，我不敢接听，不管是什么结果都不是我能承担得了的。

　　整个上午除了他家的电话号码还有陌生号码不断地出现，我坚持不住了，找领导请了假，从单位出来了。距离约定的时间很近了，我还要去订蛋糕、订房间。不知道当时自己怎么会那么执迷不悟，如果果断地回绝他的约会，就不会发生更多的事，但现在说什么都晚了，因为我根本就是做了。

　　安排好一切，我在宾馆大门口等他。12 点 25 分，他风尘仆仆地赶到了。我带他到房间后，对他讲了上午发生的事，他却说：总要面对的，不想这些了。我看他的眼神中有种让我放心的肯定，就没有再说什么。几乎是没有片刻的停顿，我和他很快沉湎在两个人的世界中，因为是第一次，有些不习惯，但我能感觉到他在这方面很细心，对我的动作也很小心。

　　整个下午，我们几乎忘记了即将要面对的真相暴露后的种种难堪。他甚至提出和我组织一个家庭，从他的描述中我仿佛看到一个温暖的所在，但理智让我没有对他的想法参与更多的意见，没有一个女人愿意和别人分享同一个男人。从和陆平相识到现在，我一直没有和他厮守终生的念头，如果说有，也只是一转念的事，因为组织一个家庭需要慎重权衡，我已经有过一次失败的经历，我已经输不起了。

　　晚饭在一家川菜馆吃的，我为他订的生日蛋糕叫"在水一方"，很漂亮，也很符合我和他的心境，他说从没这样过过生日，太让他难忘了。晚上我们在客房的一张单人床上相拥着度过了充满激情的夜晚。第二天一早走出宾馆的一刹那，我并不知道，难堪的局面那么快就会到来，而且它远远超出了我的应对能力。

　　他妻子很快找到了我的公司把我叫了出去。当时我简直有一种排山倒海的感觉。

她张口就用指责的口气问我："你认识陆平吗？你知道他结婚了吗？你们认识多久了？怎么认识的？你和他同居了？上床了？"我愣了一下，这么多让我难堪的问题她居然问得这么流畅。我让自己镇定下来，和她来到附近的一个咖啡屋，叫了两份果汁，她的激动稍稍平复了一些。

她追问我和陆平到了什么程度，并把陆平的电话单拿出来，"看看你们的通话记录，你们是不是发展得也太快了点儿？"我否认和陆平发生过关系，如果承认了，只会更刺激她。余下的时间成了她哭诉的"专场"，她讲了太多让我不能够接受的事情，甚至吓倒了我。她告诉我，陆平经常上网结交女友，从少女到少妇各个年龄段都有，理由都是他有一个不幸的家庭；陆平出差时召妓；陆平有家庭暴力的倾向，经常对她动手；陆平因为生活不检点得过性病；陆平没有责任感，和她婚后出轨的事情一直就没有断过……她说的一切与我认识的陆平有太大的差距，我甚至不敢相信，几个小时之前还是那么温文尔雅的男人居然有这么不堪的一面。

我完全被这对夫妻弄晕了，被这预料不到的变故弄晕了。我没有过多的解释，错了就是错了，说什么都没有用，虽然他们婚姻中有太多的欺骗，但毕竟我的存在干扰了他们。于是在这极短的时间内，我做出了决定，告诉她：你放心，我不会再和陆平在一起了。

她走后，我回了公司。没想到下午她又"卷土重来"，她说这次不会原谅他了，一定要和他离婚，让我真的不要再找他了，因为他离不开女人，会把我当做离婚后的"救命稻草"的。我真的受不了了，但没有办法，这些难堪都是因为我一时放纵引来的，我只有硬着头皮承受。我对她反复保证我不会对她的家庭构成任何威胁。两个小时又过去了。

　　下班的路上，陆平终于出现了，与早晨分别时容光焕发的他判若两人，非常颓败。他说我大脑迟钝，他老婆说的那些都是假话，她是想把我吓退，不再和他在一起。他说他的生活让她搞得一塌糊涂，只要稍不如意她就歇斯底里，用菜刀乱砍东西、割腕、跳楼……他还说他很压抑、很痛苦，只要我答应和他在一起，他就真的不再顾忌一切了。我没有听他的，我只想快些从这场"事故"中抽身出来。我告诉他：从今以后我们就当没见过、不认识，不可能再有什么了。

　　即使他真的是一个无可挑剔的好男人，我也不会再依赖他，再对这种关系心存任何的留恋了

　　我以为从此以后，将不再有人值得我牵挂，我也不会再去尝试那些自己不了解的东西。一个女人指责你是个坏女人，而你又无从辩解的那种滋味我终生难忘。我曾经傻傻地认为真的会有个人疼我、爱我，傻傻地为了这虚幻的爱付出自己，可现在，我明白了，原来什么都没有。我和陆平——两个萍水相逢的人因为某种难言的欲望遇上了，又深深地伤害了对方，我对他的态度也许太偏激了，但没办法，我太恐惧了。

　　但陆平并不想从我的生活中消失，他会在某个特定的时间出现在我公司的附近，并不断地发给我充满柔情的短信。我有些迷惑了，他真的像他妻子说得那么无耻，怎么还对我那么关怀备至，我真的只是"救命稻草"吗？

　　接下来他和妻子真的办理了离婚手续。本来那是他们两个人的事，但他妻子非要约我一起谈谈，而我根本就无法拒绝。那天陆平是最后一个到的，当时我和她分别坐在两张长沙发上，我正在想他会选择坐在哪一边时，他几乎没有丝毫犹豫就坐到了她的旁边。我的心被刺了一下，直觉告诉我，他们之间不会真的结束。

我对他们表态：我还是原来的态度，不管他们离不离婚，我都不在乎，我要过自己的生活，希望大家以后再也不要纠缠不清了，我不想再见到他们之中的任何一个人。他妻子有些挑衅地说：怎么，我就那么让人讨厌？陆平也试图解释什么，但这些对我来说都没有任何意义了。我先离了座位，告诉他们：我先走了，希望以后不要再见了！

我从没有主动探询他们的事，但几天后陆平的短信告诉我——他们又复婚了。我真是哭笑不得，不知道是因为自己被骗，还是为他们对婚姻的儿戏态度感到可笑，我不明白是不是每个男人对这种事的处理都是这么懦弱，只会探雷，而不会扫雷。我不知道这样生活的意义何在。那个女人也让我不理解，才几天的事，昨天还在恶毒地诅咒陆平下地狱，今天就原谅了他，和她口里那个十恶不赦的"坏人"复婚了。我很可怜她，虽然家一时是保住了，可和一个已经习惯了出轨的男人一起生活会幸福吗？她说过，没有你还会有别的女人。很明白的一句话，怎么就看不透呢？

陆平的所作所为蠢得就像个小孩子，他仍旧不断打电话或发短信试图让我相信他还是爱我的。"接电话可以吗？我们之间真的那样脆弱吗？/忘记你真的是太难了，我是真心爱你的！/我决定要准备接受她了，但我一点不爱她！更多是为了一种责任。/我真的不懂你的心，不知道没爱的日子将会怎样？当你不开心的时候，始终有个痴情的人为你祈祷！/还没睡吗？很想见到你！没想到你把我当做陌生人一样，难道我错了吗？……"

男人就是男人，有时他们以为只要自己诚恳地表达一下，被他们伤害过的女人就会感动，再一次重蹈覆辙。陆平他错了，他根本就不懂我，即使他真的是一个无可挑剔的好男人，经历了这么多以后，我也不会再依赖他，再对这种关系心存任何留恋了。比起前些天近乎虚幻的充实，现在的日子太过于沉寂了，但我宁愿忍受寂寞，也不愿为那种虚幻的充实付出那么大的代价了。

事实上陆平、他妻子和我根本不会忘记已经发生过的那些事情。从那之后，我又被动地见过他们几次。他妻子也许意识到我的存在已经不会妨碍她的家庭了，也许因为他们的闹剧需要一个旁观者，几次主动找我，让我和她一起吃饭、逛商场，她竟然一点也不觉得别扭。她还试图说服我复婚。她不明白，我和她根本不是一种人，她为了留住一个曾经背叛过自己的男人、一个已经风雨飘摇的家费尽心机，甚至不惜歇斯底里地自残，而我只是想求得一份自己想要的生活。

就在林曼对我讲述这段故事的过程中，她的手机不时地有电话和短信进来，每次电话振动时，她从风衣口袋里拿出来看看，然后无奈地对我笑笑，我问她：真的没有一点心动的感觉了？她说，真的没有了，只是希望这一切从我的生活中彻底消失，最好根本没有发生过。我理解她此刻的心情，但我依然不能理解她故事中出现的另外两个人的那种情感方式，当婚姻里的伤害成为一种习惯，那是一种怎样的日子？如此的因缘纠葛，如果不是因为爱，那么是什么，是恨吗？是不是因为两个人太互为对手了，才对这样的游戏乐此不疲呢？那么究竟是不幸的婚姻扭曲了人格，还是扭曲的人格伤害了他们的婚姻呢？作为局外人我觉得这些问题真的难以回答。

这个世界上本来就有很多的人和事，我们不太明白，也不需要太明白，只要我们了解自己，知道自己想要什么样的生活，从而远离那些不适合自己的东西，也许这就够了。

只约陌生人

　　就在刚才，我把林西的所有来信重新看了一遍，从 2 月 18 日到 6 月 13 日，近半年的时间里，她一共给我写来了十二封信。

　　看得出林西是个很注重生活细节的女人，在网络、电话如此普及的今天，已经很少有人像她这样用写信的方式细腻地表达自己了，而我恰好是个对文字有感觉的人，能感觉到文字背后思绪的流淌和心的悸动，所以虽然由于她的婉拒，我们没有见过面，但对于这些信中内容的真实性我从没怀疑过。

　　之所以到今天才决定要整理她的来信，是因为我将要完成的这篇采访的内容与"一夜情"有关，虽然当今社会的开放程度已经让不少人对此见怪不怪，但毕竟对很多人来说，这还是个难以接受的比较敏感的话题。

　　几经犹豫之后，我还是想把这种情感方式表现出来，"一夜情"

作为一种社会现象已经存在于我们的现实生活中，尽管它还只是主流的情感方式之外的一种潜流，但不能否认有不少人已经在这股暗流的裹挟下走出了很远。所以我想，与其逃避，倒不如承认它的存在，了解它，然后让人们依据自己的判断力、是非观做出相应的评判和选择。

当今社会越来越呈现出多元化的趋势，人们的生活方式已经不是靠教化就能规范和统一的了，这时的《人生采访》或许更应该像一面镜子，让读者从中看到不同的人生经历，不同的情感状态，让我们的目光延伸到人性的不同层面，看到我们自身的局限、盲目和悲哀。

正是基于这样的愿望，我将在这里通过林西来信的部分内容，呈现出她的生活态度和感情的行为方式，并且从个人角度表达自己的一些想法，作为一个参照。尽管林西的选择并不符合我们的社会道德标准，尽管她的情感方式会被很多的人所摒弃，但她愿意对我讲出来，愿意让人们了解这样一种隐秘的存在，从这一点上来说，我还是感谢她的。

是的，我只是想对你说出我的一些感受，尽管我自己都不明白想表达一种怎样的心情，可能当人急于倾诉的时候，便是另一段生活的开始，当结束了过往，感受便只是感受了。

我的婚姻生活十分幸福，可似乎又恰恰是这种无懈可击的幸福让我有另外的一种欲望。我一向叛逆，而且桀骜不驯。

我是在找工作的过程中认识那个小我五岁的男孩的。我去他的音像店里面试，他正在做一个有关高跟鞋的网站，并且详细地向我介绍他的网站，他的真诚和上进让我十分感动。他戴着一顶檐儿很大的帽子，声音特别好听。

当天朋友帮我联系好了别的工作，出于礼貌，我给他发去一条短信，告诉他我已找到了工作，并且鼓励他一番。他回短信说谢谢我，并希望和我成为朋友，还说喜欢我。"这个小毛孩"——看着他的短信，我不由自主地笑了。后来他的短信更加频繁，我们便开始了短信对话。

在我看来，他的年龄小是他忘乎所以、想什么便说什么的前提，三分钟一过，他的豪言壮语便会抛到九霄云外。他现在的一刻说喜欢我，喜欢一个人没什么错，想告诉对方自己的心情也无可厚非，这是他的权利，但我相对平静的生活不能因此而被扰乱。

而他的短信仍在强调喜欢我，想和我在一起，他说自己是认真的，并说只要两个人在一起快乐就行，他说这是经过深思熟虑后的选择。

他说等着我的答复，这对他来讲是一种煎熬，他不想再这样痛苦下去。我告诉他，我已经结婚了。他说他也结婚了。而在此之前，我总觉得他只是一个"小毛孩"。

我对他说到了"游戏规则"。婚外情是要遵守一定的"游戏规则"的，因为彼此有婚姻，有各自的事情，不可能像婚姻中的两个人厮守在一起，那是不现实的，除非是两个人在婚外情中走火入魔。我们不能影响了各自的生活，对婚外情来说，快乐与感觉是最重要的，一旦没有了这个先决条件，便失去了在一起的意义。他表示赞同但又觉得我想得太多。

我仍觉得这是他的一时冲动在作怪，我告诉他，我们一周内不联系，如果一周后他对我的感觉还是那么强烈，我就答应和他在一起。其实我这么说是因为我有把握他一周内会彻底把我忘记，在心中不留下一丝痕迹，这对我是一种解脱。他说他会痛苦，但面对我的执拗他还是勉强同意了，我长长地出了口气，如释重负。

放下电话，没出两分钟，他又来了电话，他说一周内不联系他受不了，他只想得到我明确的答复让他死心，他说这一周内他会打电话发短信给我，而我可以不接不回。他又开始软磨硬泡，不知为什么，在最后一刻，我没有守住自己，答应同他在一起，他说："谢谢。"看来，这次在放下电话的那一刻如释重负的是他。

我拒绝了他第二天的相约。

我们之间的转折点是在第三天——"情人节"那天。我因为另外的朋友心情特别糟糕，告诉他心情不好，他打来电话约我出来，哪怕只见一分钟，我仍在心底拒绝着他。但他十分固执，并说我看见他一定会开心的，于是我们约好在网吧门口见。

他说想拉着我的手，他的手冰凉，我知道他胆小到了极点，是鼓足了勇气才这样做的。他吻了我，可能我只想体会和他在一起的快乐吧，我没有拒绝他的拥吻。

婚外情是没有感情的，只是一种经历，我始终这样告诉自己，只有很清楚地认知才不至于让自己迷失。我只是在体会某一种经历，而这种经历是不会融入自己的生活，并影响了自己的生活及心情的，经历也只是经历罢了。

在影院的小包房里我们真正融入到了一起——

我们不约而同地谈到了"一夜情"的话题，可能彼此间只想体会各自对它的向往吧。

他说几天来他每天都睡不着，总想我。"一夜情"后，我告诉他以后应该不会失眠了。"应该是吧。"他不置可否地说了一句。

我们都很快乐。我说的快乐不单是指肉体上的，还有愉悦的心情。

第二天，他回家乡看父母，说一周后回来再和我联系，忘记和被忘记大概在这一周里悄然发生着。故事应该结束了。

这是林西写给我的第一封信。在此之前，我在太多的情感故事里看到了太多的女人的悲悲切切，死缠烂打，我很希望能听到一种另类故事，希望看到女人能以来去自由、身心无碍的洒脱形象出现在这样的故事里，然而林西是我所期待的女人吗？好像不是。

我始终说不清自己为什么要和这么个小自己五岁的小毛孩在一起体会浪漫，而浪漫是什么，应该是无所顾忌的一种心情，所以没有不去体会的理由。

小毛孩从老家回来后和我通了电话，很平淡，如同没了感觉。之后的日子，工作之余和朋友疯玩，大概已经忘记了那个小毛孩。这时却忽然接到了他的短信，说他十分想我。再一次通了电话，他说他以为对我的那份思念应该淡了，可不知为什么又突然间强烈了起来。我心情淡淡的，似乎是在听别人的故事，对他的倾诉不以为然，我只是告诉他慢慢地这份感觉会淡化的……放下电话，心情反而怪怪的。有些时候，感情好像是被强迫的，明明已经成为了过去，可某一刻竟会因为对方几近煽情的话而心潮澎湃起来。

我坚持自己"简单就是快乐"的道理，他也赞同但又觉得有几分讲不通的隔阂。

不知他脑子怎么想的，竟然想在外面租房子，想和我单独相处，照他的话哪怕只是半年或一年。天啊，他怎么会这么想，简直就是脑门一热，心血来潮，我没有精力去劝他，只告诉他认真想想之后再来电话，他的想法让我觉得好笑，但又不能伤害他。

我觉得他所做的已经和当初所说的背道而驰了。

我本可以断然拒绝与他的往来，这种感情是维持不了太久的，迟早结束，既然刚开始便已预料结局，再继续又有什么意义，可目前似乎没有其他可经历的情感，而这只是当做经历的一种，又不会受伤。

婚外情中受伤害的不一定都是女人，女人在婚外情中同样有男人一样的明白清醒。

昨天我们又在一起了，很疯狂。

读林西第一封信时的疑问，一直还在我心里，而她后面的来信，似乎在不断印证着我最初的感觉。读到这里，我好像明白了什么，尽管林西和我以前所见到的女人有所不同，她能够用如此轻松的口气述说她的情感经历，但她的前提是，婚外情是没有感情的，她只是在体验一种感觉。我觉得这不是真正的洒脱，而更类似于逢场作戏式的无所谓，只不过在这场游戏里占心理优势的角色由男人换成了女人而已。而我一向认为无论男女，以游戏的心态来对待情感，这样轻而易举地交出自己的身体，不光是对自己不负责，也对异性缺少起码的尊重。

很多事情我们没有必要太认真，特别是对于婚姻之外的感情，因为这份感情是来得快走得也快的，彼此没有责任。可能最初的携手只是因为各自厌倦了家庭生活的平淡，以期在婚姻之外寻求与异性之间的激情与浪漫。

我在婚姻之外拥有相当的自由，有时与爱人有一些矛盾，但还不到不可调和的地步，从某种程度上讲，我爱人对我百分之一百零一。

或许我这个人只是想寻求某种刺激，抑或是三分钟热度的人。

那个小毛孩真的太小了。没有自己的事业，没有经济实力，我和他仅有的两次交往，大概只是深刻地体会了一把与小自己几岁的男人往来是怎样的情形，现在知道了便无太大的意义了。

婚姻之外两个彼此相悦的人在一起，如果男方没有足够的经济条件做担保，那么往来时给女方的压力会很大。我不是说一定要找男方要钱要物，我从没有这么做过，但如果男方连起码的条件都没有，那么我觉得没有一个女人会陪着他遛马路的。这毕竟不是在谈恋爱，婚姻之外的情感是见不得阳光的，或找一家咖啡馆两人相互倾诉，或者在钟点房里欢愉，都需要有钱来铺路。

我不知道自己是否始终保持清醒，但我明白自己在做什么。

我一直不能确定，林西信里说的那些她是否真的能做到——"我没有迷失自己。我了解自己在做什么。所谓的'情人'也只是我们无所事事时心情的一种填补，经历只是一种经历。"我怀疑的不是事实本身，而是觉得她似乎在有意给自己一种"我不会受伤"的暗示。再说，即使她能够做到，而这场感情游戏里的另一个人呢，也能毫发无损地全身而退吗？

女人是为爱而生的，而一个女人到底要有过怎样的经历才能这般的平淡与漠然，她想要寻找什么，她找到了吗？

我想说的"一夜情"是从"性"的角度出发而言的，似乎完全可以抛开"情"字，只有两个字——"做爱"，并且在做爱的过程中全身投入的一种享受。

我的很多朋友都不赞同"一夜情"，我知道你也是这样的，觉得没有意义，我不想同你们争执，也没法争辩，可能也没有胆量，但却想通过文字来表明我的观点，我仍要说我对"一夜情"的理解是从另一角度——"性爱"来诠释的。

我想问婚姻中的男人女人有多少敢言能在性爱中达到高潮的，有多少男女敢正视"性"在婚姻中的比重。会做爱的人才是会生活的人，只有懂得享受性爱的人才懂得享受生活。只有会做爱的人才能自始至终在性爱中得到满足与刺激，这是生理和心理上的一种超越。

我所经历的"一夜情"中有三个男人给我的印象最深。第一个男人事业相当成功，一次偶然的下午时光，我们在某一茶社闲聊，陌生人之间敞开心扉的交谈，为我们接下来的"一夜情"做了铺垫。那是"狂乱"的过程，疯狂至极，简直忘乎所以。他是我今生难忘的一个男人，让我体会了做女人的好。

而和第二个男人是在异地宾馆里的投入，同样的癫狂。我们没有忸怩，只有配合与尽快地适应对方。回石家庄后，他想与我重温旧梦被我拒绝了。如今尽管我们仍时断时续地用短信联系着，但我的冷酷已让他几近绝望。我们最后一次短信问候距今已有三个月了。我只想让"一夜情"在心中成为影像装扮自己的生活。

第三个男人其实谈不上"一夜情"，他就是我给你的第一封信里提及的那个小我五岁的小毛孩。他同样是个懂得性爱的男人，和他在一起真的很刺激。

我不知道你是否真的理解了我所要表达的对"一夜情"的观点，我完全是从性的角度来看待"一夜情"的。我没有什么不好意思的，也不觉得自己这样做有什么下贱，我需要体验自己要体验的感觉。我不回避"性"，追求它，也谈论它。

我知道林西之所以对我说出这些话，不仅仅是因为她有倾诉的愿望，也是基于对我的信任。正因为这样，我也有很多话想对她说，我想告诉她，为什么夜晚来临的时候，我一般不去那些类似歌厅、酒吧之类的场所，那是因为在暧昧不清的氛围里，那里的一些人脸上写着太多的欲望，让我看上去感到害怕。

也许在我们的生活中，欲望的满足是一种最真实、最直接的需要，然而当我们一旦完全被它支配、被它操纵，就可能像电影《色戒》里的达世喇嘛，远离了心中的圣界，而且再也回不去了。

这些有关"一夜情"的经历，只是林西信中的一部分内容，除此之外，她还和我谈了一些自己对婚姻、对生活的感受。

婚姻生活久了，彼此间再很少有让人眼前一亮的沟通，所有的激情被流逝的时光一同带走，不给人回旋的余地。八年的婚姻生活让彼此只需一个眼神就能读懂，但却没有了快乐的心情，连牵手的感觉也变得平淡起来，于是总想找一个新的天地将已逝的激情点燃。

曾经一段日子，我特别烦，烦自己的爱人，而他的模范在我的朋友中是公认的，对我体贴入微，关爱有加。我们的婚姻方式应该是很少见的，我们结婚八年了，没要小孩，是那种"丁克家庭"。我们所有的花销都是 AA 制，不用对方的钱，以朋友式的往来在婚姻中度过了八载。我贪玩，几乎每年都会外出旅游，他从不拦着，说外出散散心也好。我们似乎已经适应了这种生活方式，以顺其自然的心态来面对各自的生活状态，有时会聊一下时尚的话题，比如周末夫妻之类。

八年的婚姻生活已经非常平淡了，而我一向认为所谓的家庭生活其实无非是一种"老来伴"的结局，和谁都有可能度过一辈子，便无所谓谁了。

很多时候我们幻想一生充满浪漫色彩，生活却常常以平庸的方式考验着我们的耐心。而林西或许是个不愿意向庸常生活投降的人，所以才选择以"一夜情"的方式出轨，然而片刻的快慰和短暂的刺激，真的能填补内心的空虚吗？哲学家罗素曾经这样说过："爱情能使我们整个的生命更新……没有爱的性行为，却完全没有这等力量。一刹那欢娱过后，剩下的是疲倦、厌恶，以及生命的空虚之感。"

在后面的一封长信里，她和我说的是和一个陌生男人一起喝酒时的默契与陶醉。

和他的相识也很偶然。一次联谊会之后，有一天接到了陌生的他打来的电话，很客气地聊了几句便挂了。他说曾经有几日他要把我电话打爆了就是打不进去。而那段时间我是有意从朋友中间蒸发的，只想静静地一个人待着。又过了些天，他在等着与客户谈生意时，随意翻出一张名片上面恰巧记有我的电话，似乎为了打发时间，他试着打了我的电话，通了——

第二天我正上网时，他来电话问能否见上一面，便顺其自然地见到了他。那天很热，我们都戴着墨镜，他不像电话里说的那么黑，不知为什么我有些抵触他戴着墨镜的样子，他摘下墨镜，是一个很帅的男人。

我们选择了一个很幽雅的饭馆，很安静。

我点了自己喜欢吃的菜，让他点时，他说他喜欢的我都点了。可能从那一刻起我们莫名地有了一份感动，尽管只是因为我们相同的口味……

聊了些什么似乎都忘了，我一向喜欢微醉的感觉。好像席间问他为什么只是电话里聊过几句就要见我。他说我的声音好听，而且不一定说很多才会对一个人有感觉。可能聊得尽兴，觉得彼此投缘吧，两瓶啤酒喝光后，又多喝了一瓶，直到饭店打烊才走。很自然地聊起了他的车，于是在某一处僻静的公路上他开始教我学车。那时我是紧张而快乐的，我们也聊各自的爱人，不避讳，而且很自然。

似乎要将这一切进行到底，我们约了晚上一同吃饭，还要喝酒，要一醉方休。

　　他是个爱车的人，车内有很好的音响，我不是很了解这个男人，但起码我不反感他。

　　可能是下午的快乐意犹未尽，边吃边喝边聊，又喝了两瓶啤酒，有了几分醉意。可能是酒精在作怪，我们又顺势要了两瓶，但后来真的喝不下去了，我们就用剪子包袱锤的形式将余下的两瓶啤酒一饮而尽。然后一人拿一根冰糕在华灯初上的街上漫步，我的话开始多起来。事后他说特别喜欢我那时的状态。我们相约要玩儿个通宵，他也十分高兴，也是很久没有这么放肆地宣泄自己了。我们各自给家里打电话请假，他说我和我爱人说话时那么自然，而他就不同了，一打电话就吵架，现在工地上的活儿忙，他很少回家，回家也是倒头就睡。

　　我们开车去了一个夜景很美的地方，他要背我，他很高，被他背着的感觉很美，有几分陶醉，长这么大我是第一次被一个男人背着。放下我的一刻，他自然地抱住了我，开始吻我，并轻轻地告诉我，我不喜欢的事他不会让我做。我觉得他是个很会玩的男人，特别能讨女人的欢心。我们回车上时，他把我抱起来，顺势把我放到地上，我被这突如其来的事情吓坏了，我喜欢他吗？还是喜欢这种被人宠着和疯玩的感觉呢？

　　其实那个时候我们的酒都醒得差不多了。

　　我们又去了另外一个地方，那时的疯狂似乎到了顶点。我们又各自拿了一瓶啤酒坐在长椅上，以猜拳定输赢的方式把酒打发掉。他强吻了我的唇，我挣扎了。当我们把瓶中的酒喝完随意一扔，两个瓶子竟扔到了一起，我们又往卖啤酒的地方走去，已经关门了。忘记了是什么时间了，广场上已经没了人影。他说我们可以每人找一个长椅来睡的，我说我同意。那时分明已经很醉了。他告诉我好些情侣都会在广场的草地上过夜的。我们不是情侣，只是两个很无聊很神经病的人第一次见面就这样忘乎所以。

我们又往停车的地方走，他把我背到桥上坐在桥梁的中间，他转过身来，恰好他的头可以靠在我的肩膀上，我吻了他的额头，这是我第一次主动吻他……

再后来的四瓶啤酒是在消夜时喝下的，他已经很疲惫了，他说自己已经狼狈不堪了，只是在强打精神，因为看到我很开心不想扰了我的雅兴。我开始莫名其妙地心疼起了这个与我第一次谋面的男人。当我们喝完那天的第十一瓶啤酒时，我想我是真的醉了。我不知道他是怎样开着车了。

车停下来的时候，我还醉着，不想下车，但宾馆的门童站在一旁，我被他扶下了车。

……

第二天早晨下起了小雨，我在一个十字路口下了车，一个人在雨中慢慢地走着。

看林西的这封信时，我觉得她这次的故事和以前的那些不太一样，于是我给她发短信："似乎你爱上了和你一起喝酒的那个男人？"过了一会儿，我收到了她的回答："爱，应该没有吧？我只是感觉和他在一起很开心，我们都属于那种很会疯玩的人，别的什么也没有了，你为什么这么想呢？"我回答："因为你对他的心疼。"很快，我收到了她的回复："心疼就等于爱吗？"这次我没有回答她的问题，也不想再和她讨论下去，我知道我们永远无法说服对方，好像也没有说服的必要。

只是我依然不明白，她为什么非要以否认感情的存在来显示自己足够洒脱。而我也有些好笑，为什么偏就想听到她承认自己在为情所困呢？难道非得让她的"一夜情"夹杂上感情色彩，变成"婚外情"，我这个接受故事的人才能感觉更释然一些吗？不知从什么时候开始，随着人性的解放和个性的张扬，我们的道德标准就这样逐渐地降低着，然而究竟退让到哪一步才是最后的底线呢？

在随后的来信中，林西也许是为了解释什么，她写道：

对于婚外的感情，我很麻木，那是可遇而不可求的，不是说刻意地维系就能拥有的。我看得很淡，因为听到和看到的事情太多了。投入得多，如果不能很洒脱地来面对的话，最终伤害的是自己。平淡一点，哪怕疯狂，适时的放纵只要能清醒地明白便好。

那次之后，我们很少见面。因为他特别忙，而我也不想给他压力，只是最近他的短信和电话都表露出很想见我，并且还要一同喝酒。其实我们都知道，无论如何我们都不会再有第一次见面时的感觉了，因为它太"完美"，简直无懈可击，找不到一丝一毫的突破口了。

这几日他对我的思念超过了我对他的，记得你曾在一个故事里说过：婚外情是男人越来越清醒的过程。而我想的是，婚外情也是女人越来越清醒的过程。

我们只是在电话里调侃着，又见过一次面，那次我又喝多了，但没有了第一次的开心与放纵……本来这次写信是想和你聊很多关于他的事，可现在反而觉得没什么可聊的，这样的话，和他的开始便也是结束吧。我始终告诫自己：开始等于结束。

面对这样的洒脱我似乎又一次无话可说，每个人都有自己的生活方式，但是如果我能和林西面对面地交流，也许我会和她探讨一下这样的一个问题：一个人的特立独行和放荡不羁到底有什么区别呢？我觉得它们的不同在于前者有自己的原则，而原则性的东西是很难通融改变的，那么后者呢，更多时候是凭着感觉走。

　　我大概是那种最容易移情别恋的人，在一段时间中，可能和这个男人关系十分密切，而和另外一个男人没有丝毫联系。我的确是这样一个女人，和他们有感情吗？应该没有。

　　其实以往和某个男人的故事，我不想再提及了，不是因为痛苦，我不是一个活在回忆中的人，只是觉得没有了说出来的意义。

　　那个曾有过密切往来的"混社会"的人，前两天打电话说如果有一天不想回家了，可以告诉他，一同过夜，我答应了。可是，心情已经不允许我有丝毫的留恋了，和他在一起真的不知道是什么时候了，看心情吧。

　　另外一个一年半之后又联系上的朋友，往来时对我特别好，曾一同去电视塔在浓情的夜色里分享浪漫与甜蜜。再联系上之后才知道了失去联系之后他的事情，他一直都没有忘记我，直到重新联系上我。我其实很感动的，毕竟他让我快乐过，但这些都属于过去，他可能没有任何变化，但我变了，有了别的男人。

　　他也要和我在一起，但我已经没有了感觉，找了借口推脱了。

　　其实很不错，我接触的这些男人们都不是那种死缠着你的人，没有了感觉便拜拜，或者联系日渐稀少，顺其自然最好。

　　现在的这个男人，我记得和你说过，和他似乎只是那种喝酒的朋友，而绝对不是可以诉说心情的人，只是第一次他聊自己很多，似乎那次他所有的话就都说完了。

　　其实和他似乎只是性伴侣，而我一向认为我的婚外情只是找"性伴侣"的过程，每次都会疯狂到底地玩，都会很投入。我以往的婚外情也是一样的。

昨天见到他的短信："宝贝，我在大同，回来后一定见你，永远爱你。"我知道他现在的状态是在热恋中，一次酒后，他就曾说和我在恋爱。上周六其实说好要来陪我的，而当我知道他在家便发短信告之："在家好好陪爱人和孩子。"

我知道他是属于他的家庭的，这一点我十分清楚，而且唯有在这一点上十分清楚，婚外情才不会越陷越深，特别是女人，在婚外感情上一定要懂得保护自己，如果玩不起就别玩。这本来就是一场游戏，既然是游戏就有一定的游戏规则，也要遵守相应的游戏规则……

上面这些话是林西在 6 月 20 日的信中写给我的，在这封信里，我还看到了一段这样的文字：

上班的时候，看见一对老夫妻相互搀扶着走下楼梯，他们相握着几十年风霜及相濡以沫的幸福，他们脸上安详的神态让我寻到了夫妻间在心中积蓄的对彼此的关爱，让我感动。父母呢，雪天父亲扫雪回来，母亲为他拍去身上的雪花，很自然的动作同样让我感动了许久，而我们年轻人的婚姻呢？是否有时会静下心来想着过去让自己心仪的某件事，哪怕，只是一个眼神。

当我看到上面这段话时，我在想，林西一方面对婚外情振振有词并左右逢源，游戏其中，一方面心中还隐藏着这样的向往和感动，是否她真的像她自己认为的那么了解自己呢？作为女人，她真的知道自己到底想要什么吗？

关于天长地久，关于风花雪月，关于情感的坚守，关于感官的放纵，也许，很多时候生活中的很多人就是这么左右摇摆不定……就像台湾漫画家朱德庸说的："人性就是天使和魔鬼各坐一个肩头。人性常常让我失望，又让我燃起希望。"

白天不懂夜的黑

——瑞霞，您好，曾给您写过信，只是一直没有机会和您见面，真是很遗憾。活了三十年了，到现在为止，还不知道自己想要的是什么。一直觉得自己活得很委屈，没有自我，为一个男人活着，为他付出了所有能做的，却什么也得不到，又不忍心放弃，活得唯唯诺诺。

我就要去国外了，也许这是最好的解脱，走之前很想找个人倾诉，却又不想找我熟悉的人，因为不想有所保留，有所顾忌，所以想到了您，不知道我有没有这个机会。

2004 年 11 月 16 日

衣衣

——你好！看了你的留言，我想起来你曾经给我发过一个邮件，好像我们还约过面谈，只是后来一直没有见面。

你的这段话让我感觉你心里似乎有很多的委屈，虽然我不知道你现在是一种怎样的生活状态，但无论如何，唯唯诺诺地活着，不是一个女人最好的选择，即使是因为爱。如果对方是个值得爱的男人，他不该让爱他的女人受委屈。

如果在你走之前，对我的述说能让你获得解脱，我接受你的故事。

2004 年 11 月 18 日

瑞霞

——谢谢您，瑞霞。我想把我的故事说出来，想提醒那些像我一样傻的女人，要懂得爱惜自己，另外也是想让那个我为之付出所有感情和心力的男人知道，在这个世界上再也不会有比我更珍惜他的女人了。我无所求，只是想他知道了这些以后，会感动，会在后半生的时间当中偶尔能想起我，念着我的好。也许这一生的缘分就到此了。

我是一个普通得不能再普通的女人，没有美丽的外貌，也没有诱人的身材，我很胖，但是我的心却不比任何一个人逊色。真的想见见您，和您好好聊聊。

2004 年 11 月 20 日

衣衣

经过了上面这样一番联络之后，2004 年 11 月 23 日，下午三点半，我来到了约好的见面地点——国际大厦百客咖啡。

在服务员的指引下，我走进了大厅西北角的一个包厢，衣衣已等在那里了。打过招呼之后，她指了指自己面前的啤酒杯，问我要不要加个杯子，我看了看茶几上的啤酒瓶，喜力牌的，看样子这不是她的第一瓶，也不会是最后一瓶。我说，谢谢，工作时间我不喝酒。她也没坚持，给我点了一杯卡布其诺，那天我有些感冒，咖啡端上来之后，我又向服务员要了一杯白开水。这时对面的衣衣从左手边的中华烟盒

113

里抽出一支烟，点上。烟雾弥漫中，我和她开着玩笑：和你在一起，我忽然发现我的生活方式原来很健康啊。她也笑，说，我知道烟酒对女人不好，不过这些年已经习惯了，特别是心情郁闷的时候，只有喝了酒才能把心里想说的话说出来。

衣衣今年30岁。她面庞圆润，体态比较丰满，并不像她自己说的那么胖。贴身的时装，低垂的长发，端着啤酒杯的手精心修饰过，大红的指甲油鲜艳欲滴，在她身上的一切，装扮、举止、表情和包厢里的氛围是如此的吻合。我明白了她为什么愿意在这里接受我的采访，每个人都有自己的生活方式，只有在自己熟悉的环境里，才能呈现出自然放松的状态。而她所习惯的生活对我来说却是比较隔膜的，也许正因为如此，反倒使我有了想了解她的欲望。我想知道那些与自己不一样的生活里到底有着怎样的内容，它给那些沉溺其中欲罢不能的人们又带来了一些什么呢？

在讲述过程中。她又要了两瓶啤酒，她手里的烟几乎没有熄灭过，我没有劝阻她，弥漫的烟雾似乎有一种功能，能使那些颓废的东西显得迷离而生动，这也是很多酒吧里总是烟雾缭绕的原因吧。

那天衣衣和我说的第一句是："我从十几岁时开始，接触的男人都是三十几岁的，心理的跨度特别大，慢慢地受他们思想、生活习惯的影响，和同龄人在一起很难找到感觉了……"

有过年龄相当的男朋友，但是都没有结果，后来我也就不再想结婚的事儿，不在乎这个男人有没有家了

认识那个男人之前，大约是在2001年那会儿，我没事喜欢泡酒吧。那时酒吧里的外国人很多。有一次我陪北京来的朋友去酒吧，在那里认识了她的一个朋友，是个德国人，聊天时我就坐他旁边。走的时候他问我，你明天还来吗？第二天我又去的时候，他已经在那儿了。那个德国人是个工程师，负责开发区的一个工程。认识之后，我们大约交往了两个月的时间。他对我非常好，他身上那些很绅士的东西特别吸引我。有时我去他那里，洗完澡，他把我这么长的头发一点点吹干，我喝东西时，喝一口他会接过去帮我倒上，吃饭时，他总是问你喜欢吃什么？那年他55岁，他说他喜欢像我这样看上去很性感的女人，喜欢我的性格。他还告诉我，他已经离婚三年了，有两个儿子。问我可不可以考虑和他在一起。当时我觉得这是不可能的。我父母也不同意，他们说家里就你一个女儿，你放着自己父母不照顾，难道要跑那么远去照顾一个老头子？来往了两个月以后，他负责的工程完成了，他也回国了。临走时他说很快会回来，可是后来因为公司的事情耽搁了，一走大约就是一年的时间吧。那时候我已经喜欢他了，他走之后，我感觉特别空虚，很没意思。

这些年来我从没有正常上过班，一开始跟着别人做生意，后来自己做，有很多属于自己的时间。那段日子无聊的时候就去上网，见很多的网友，但是每次都很失望，觉得怎么和网上的感觉差距这么大呢。后来，很偶然的，有一天我也是在上网，一个男的和我聊天。我们聊了一些很平常的话题，他问我你在哪里？我告诉了他，他说我和你直线不超过100米的距离。要下线的时候，他给我留了电话。

几天之后，我一个人泡酒吧，很闷，想找个人陪我喝酒，翻电话号码本时，看到了那个电话，不过我已经想不起来是谁的电话了，打过去，我问人家，你是谁啊？对方说，你打我电话，怎么问我是谁呢？说了一会儿，我才想起来他是几天前和我聊天的那个人，我说，我想请你喝酒。他说，我正有事，明天我请你吃饭吧。第二天下午，我给他打电话，我们约好了吃饭的地方。那天路上堵车，我晚了二十分钟，到了饭店他已经在那儿等着了。当时正是夏天，他穿着一件短袖T恤，留着平头，长得非常干练，非常……精神。只看了一眼我就对他很有好感。那天我们聊得很好，吃完饭，他问我，你要是没事，我们去喝会儿茶吧。去茶楼的路上，他开着车，另一只手好像无意间拉了一下我的手。到了茶楼，我以为他会说些比较什么的话呢，结果九点的时候，他说，我该回家了。这句话让我对他的印象特别好。

大概过了一个月，我又一次给他打电话，他已经不记得我了，我就把电话挂了。第二天，他打电话过来，说想起我是谁来了，然后约我喝茶。那天我们依然聊得很愉快，我还在他肩上轻轻地靠了靠，到了六点，他说，不能陪你吃饭了，我要去我岳父家。我们就分手了。在这期间，因为我对这个男人很感兴趣，向朋友打听他的情况，有朋友说，你说的这个人根本不姓刘，而是姓王。我给他打电话，问他为什么骗我？当时他正在去外地的路上，他说我没有骗你，有什么事等我回去再说吧。几天以后，他约我出来，我很高兴地去了，那天我们站在马路边上，他说，我们不适合做朋友。我说，给我个理由。他说，感觉你这个人挺复杂的，让我不轻松。然后他说，就这样吧。说完开着车就走了。

在那以后，大概有一个星期的时间吧，我感觉很失落。从我们见面之后，我们之间肯定是我喜欢他多一点。这些年我身边出现的男人都比我大很多，虽然也有过年龄相当的男朋友，但都没有结果，后来我也就不再想结婚的事儿，所以我不在乎这个男人有没有家，只在乎自己是不是喜欢。那几天我心里特别不平衡，我给他打电话，我说，那天你把想说的都说了，可我想说的都没有说，这对我很不公平。他说，是。然后说，我也给你一个机会，我们见面谈吧。去饭店的路上，我记起第一次见面，他抽的烟是红盒的红塔山，他还说你以后也抽这个吧，这个好抽。所以那天我特意给他买了一盒红塔山。那顿饭，基本上都是他在听我说话，后来，我说怎么没见你抽烟？他说，不想抽。我说如果你想抽的话，我这里有。说完我从包里拿出了那盒烟，他接过去，看了看，说，怎么会是这个？我说，上次你说过你喜欢这个牌子。然后足有两分钟的时间，他没说话。本来，那天我以为吃完那顿饭，我们之间将不再有任何联系，可是从饭店出来的时候，他说，我们约朋友去喝茶吧。

对于已婚的男人来说，有两样东西是不能碰的，第一是他的事业，第二是他的家庭。是我违背了游戏规则

就在那天吃饭的时候，我们还讨论了有关"情人"的话题，他说，我这个人如果像别的男人那样和女人一见面就怎么样，那是不可能的。我也说了我对这个问题的看法，他说，你很了解男人，以后让我们慢慢相处吧。

从那之后，我们经常在一起吃饭、喝茶。有那种关系大概是在两个月以后……有几天，我心情很不好，不想在家里待，就去宾馆开了房间。我给他打电话，让他过来，他说，你知道让我过去意味着什么吗？我说……我当然知道。很晚的时候，他过来了，那天晚上我们在一起了。

那段时间，我那个德国朋友一直在和我联系，希望我能到他那边去。我当然也希望能和他有个结果。于是我就去报了外语班。这样和刘的联系就少了，只是发发信息，他有时回，有时不回。有天晚上，很晚了，我给他发了个信息，内容是比较暧昧的那种。不巧的是，当时他正和他老婆一起吃饭，收到我信息的时候，他又正好去了洗手间，他老婆拿过手机一看，马上把电话打了过来。我一看是他的号码，很高兴地接了，一听对方是个女的，她问我，你是谁？你给谁发的信息？

我说，是给我朋友发的。她又问，你的朋友？你是谁啊？我赶紧把电话挂了。过了一会儿，电话又响了，这次是刘打过来的，他张口就说，我和你是什么关系？我说，没什么关系。他说，没什么关系你为什么这么害我？我说，我没有害你，只是发个信息。他说，你发这样的信息，让我老婆怎么想？这时听到电话那边，他老婆在叫：刘某某，你过来！他说，以后不要再给我发信息，不要再和我联系。然后就把电话挂了。

第二天中午，我正在外面吃饭时，又接到刘的电话，他问，你在哪儿？然后他说，你知不知道，昨天半夜我老婆把我轰出来了。这时他的口气已经有些恼火了。如果那时候让他见到我的话，真不知他会做出什么事来，不过我又想，管它呢。我告诉了他我在哪儿，让他过来。他说，算了，以后不要再打电话，不要再联系了。

接完这个电话之后，我心想，我们这次肯定是完了。但奇怪的是，遭遇了这样尴尬的经历，我竟然一点也不恨他。因为以前我曾经对他说过，对于已婚的男人来说，如果要和他相处下去，有两样东西是不能碰的，第一是他的事业，第二是他的家庭。而这次是我不对，是我违背了游戏规则。

接下来的几个月里，我们不再有任何联系。圣诞节快到的时候，我忽然觉得很想他，试着给他拨了电话，他居然接了，我问他，以后还能再见你吗？他说，可以，我们还是朋友。很快2003年元旦那天，我们又见面了，那件事情的阴影好像已经过去了。那时我的德国朋友催得很紧，我又在北京报了外语班，要去学习。这时我把我和德国人的事告诉他。他说，为什么要走这么远？国内就没有好男人了？我说，我已经决定了。他说，那好，你去北京之前我们见个面。我说，现在我就在自己家呢。他说，那我过去。那天是我们第二次在一起。

在我们的交往中，我为他做这些已经成了习惯。他总是说，你为什么对我这么好。我说，谁让我傻呢

等我从北京回来，正好是他和朋友开的饭店开张。那天忙了一天，大家都走了之后，我们俩又坐在一起，这时他却和我说起了另外一个女人，他说有个女人最近总给他打电话，但又一直不见他。我说这个女人我认识，以前做过模特，后来跟了我的一个朋友，长得很漂亮，身材非常好，有房有车。他说，对。然后又问我他该怎么和她交往，我听出来他好像很喜欢那个女人，但我还是把我知道的一些情况毫无保留地告诉了他。当时也不知道怎么回事，好像说什么完全不受大脑支配。

后来那个女人给我打电话，她说，她第一眼看到刘的时候，发现他和她的第一个男人长得非常像，而她的那个男人已经死了，她很怀念他，所以是她主动和刘联系的。那些天那个女人经常有事情需要人帮忙，她很聪明，从不直接找我，而是找刘，让刘来找我，她知道刘说什么我都不会拒绝。而刘也很聪明，他知道我不缺钱，他什么也不用付出，他知道笼络住一个女人最好的方式，那就是——性。每次他要找我办什么事，总是先给我打电话，晚上没什么事儿吧，我去找你。

那个女人曾许诺给他投资，但后来并没有做到，还有很多的许诺，也都没有兑现。刘慢慢地心灰意冷了，知道那个女人是在利用他。有一次他说，你知道我喜欢她，为什么还这么帮我。我说，只要你高兴就行。他说，你为什么这样？我有什么好的？我说，谁让我喜欢你呢。也许在别人眼里你算不了什么，但对我来说不一样。从那以后一段时间，他对我非常好。

那些天只要他打电话说要过来，我在外面吃完饭，哪儿也不去，早早地回家，其实我知道饭店要忙到很晚，他不会这么早来的，但我还是回来等着他。先把他爱喝的饮料放进冰箱，然后打开音响，听着音乐，等他，十二点了，一点了，还没有来，也不敢打电话……一会儿在客厅里黑着灯坐着，一会儿站在阳台上往下看……终于听到他的脚步声在楼道里响起来了，我就特别高兴……一进门，先递给他饮料，然后把水温调好，让他去洗澡。他说累了，我给他按摩，然后做我们该做的事，然后他睡着了，我倚在床头看他，怎么也看不够……第二天他要睡到十点，我先起床，给他煮好馄饨。他吃饭的时候，我给他皮鞋打好油。一般每星期他要过来两三次，每次都是这样。他说，我老婆也没有对我这样过。我说，我哪有那样的好命，也许正因为得不到你，我才这么珍惜你吧。

那段时间，我特别满足，不知怎么对他才好。看到他的手机有些旧了，就想到要送他一部新的，也可能是想用金钱拴住他吧。我给他打电话，他说不想换，能用就行了。还说，你不用对我这么好。打完电话，我马上去了卖手机的朋友那儿，拿了几个送去让他看，他看上了诺基亚的一个新款，又嫌太大。过了几天我问他到底喜欢哪个，他说，就要那个吧。我跑到朋友的店里，花了七千多块钱买了两个，给他一个，自己用一个。买了手机后发现他的联通卡不支持彩信功能，我又去营业厅给他办了个移动的卡，他对号码特别挑剔，那个卡花了三百多块钱。后来见他电话多，一块电池不够用，我又到专卖店给他买了块电池。

在我们的交往中，所有我为他做的这些已经成了习惯，包括我们出去吃饭，一开始是他花钱，后来改成了由我买单。

也就是在我俩特别好的时候，有一天，一起吃饭时我发现他的情绪很低落，我问他出了什么事，他说有件事情很让他头疼。在我一再追问下，他说，他原来的单位下了新文件，要求离职人员一律回去上班，而他的生意离不开，不想回去，所以需要一笔钱去打理关系，当时他饭店的投资还没有收回，又新买了房子，手头很紧。我问他，需要多少钱？他说，大约十万吧。我知道他并不是想让我给他拿这笔钱，但是看他难受的样子，我说，我帮你吧。这是大约八月份的事，然后他要去北京谈一笔生意，他走之前，来我家和我告别，我把银行卡给了他。

这时我真有些恨他了，我想也让他尝尝这种痛是什么滋味

他去北京时，我正在办去德国的签证，因为一些事情没有走成。我给他打电话，他说，你过来吧。我去了北京，在宾馆住下，那一个月，他忙完了事情就过来，我们一起吃饭，一起回宾馆，因为没有人认识我们，走在大街上，我挽着他的胳膊，真的就像两口子一样。我感觉特别幸福。

然而从北京回来之后，我却从他身边消失了很长时间。原因就在那张银行卡上。他去北京之前，因为答应帮他，我曾经给过他一张卡，我在上面存了十万元钱，谁知他在取钱的时候，把密码弄错了，让取款机把卡给吞了。之后，我拿着身份证又去银行办了一张，本来我是想把那十万块钱转到这张新卡上，可我当时没这么做，只是在上面存了一块钱。因为就在我去银行办卡之前，我听说最近他和那个女人联系很密切。我很生气，我对他这么好，他却一点也不珍惜我。所以他去北京时我给他的实际上是张空卡。

在北京他用不着那笔钱，也没有查卡，等他回到石家庄，去银行取钱时，才发现那是张空卡，他非常恼火。我知道他发脾气的时候很吓人的，所以我先回的石家庄，对朋友们说，我出国走了，让他没办法找到我。我这么做，是为了报复他，我觉得自己付出得太多了。

我消失了有一个多月的时间。后来因为一件很要紧的事，没有办法，我只得又去见他。看到我以后，他有些吃惊，我解释说，因为有事临时回来了。他问我，你为什么骗我？我说，骗你是因为喜欢你。我说，只要你不再和那个女人联系，你需要什么，能给你的我都给你。从那之后，他就真的没再和那个女人联系。这样我们又来往了近两个月。两个月以后，因为各自的事情都很多，联系又少了。就在我们不太好的这段日子，有一次我去逛街，商场正在打折，我知道他很喜欢浪琴手表，我买了最贵的一款，6999元，送给了他。

今年1月份，我们又见面了，我说，我手里有些钱，不知做什么好。他让我投资一个品牌，我说我没有精力经营，而且我很快就要走了。他说，你把钱交给我吧，我帮你投资，一年之后我给你三万元利息。那些天因为讨论这笔钱怎么用，我们联系又多了起来。

而恰好这时，我又听到了关于他与那个女人的一些传闻。我开始怀疑他和我在一起，到底是为了什么。

那些天他常和那个女人见面，不知出于什么心理，每当他们约好见面，那个女人就会给我打电话，而我问他在做什么时，他总是说在外面有事，忙。这时我真有些恨他了，我想也让他尝尝这种痛是什么滋味，但我又想不出用什么办法来报复他。正在这时，他打电话来问我什么时候把钱交给他，而且让我拿现金给他，我说可以。那天晚上，在饭店的包房里，当时我想，如果他什么都和我说了，对我好一点儿，我会把银行卡给他，钱就在上面。可是他什么也没说，只是问我钱带来了吗？我说，真不知道你怎么想的，这个地方我怎么能带那么多现金过来呢？他很生气，我们吵了起来，后来还推推搡搡地动了手。

这件事之后，几个月的时间里我们几乎没再联系。直到一个月前，

122

我和朋友逛街，去酒吧喝茶，碰到了他和他的朋友，大家一起吃的饭。吃完饭，刘开车先把那个女孩送回宾馆，又把我送回家。车到楼下，我们没有下车，在车上很疯狂地亲热……那天我兴奋得一晚上没有睡着觉，就因为他说的一句话：希望我们能忘掉以前的不愉快。

　　接下来的十几天里，那种幸福的状态一直持续着。直到有一天我给他打电话，说我想见他。他说，最近非常忙，等有空了和你联系。就在那天晚上，已经很晚了，我正在上网，忽然电话响了，是他的号码，我很高兴地接了，他却不说话，原来他无意中碰了重拨键，电话打到我这儿了，他并不知道。我拿着电话听了半个小时，他正和朋友在外面喝酒，听到他们在说先送谁回家，最后他送的是一个女的……听到这些，我很伤心，我想为什么你能陪朋友、陪别的女人，而到我这儿却总说没时间呢。第二天，我去看他，给他买了一条中华烟送过去，那些天他在抽中华。见面以后，我问他，昨晚你去喝酒了？他说，你怎么知道？我说，你以后出去玩的时候，把手机键盘锁好，你说了什么我都听到了。他不说话，过了一会儿，他说："我觉得我们不适合做朋友，我这个人不喜欢被约束，和你在一起我觉得很累……"

　　就这样我们又一次分手了，而这次我预感我们是真的完了……

　　那天下午，衣衣在讲述她的经历时，一直很投入，我知道她很想让我明白她的爱如此之深，伤如此之痛，而我作为一个倾听者，却始终无法排除内心的抵触，她的经历中有很多让我接受不了的东西，如果一份感情从根本上就是畸形的，那么它就会像毒品一样，或许能给人虚幻的满足，但永远不会给人带来真正的快乐。

　　衣衣好像没有察觉出我的这种微妙心理，她不知道我更想探寻的是目前她这种生活方式和感情方式的由来，当我直接问起时，她说，她十八岁刚出校门时，特别单纯，那年认识了一个朋友，一个很漂亮的女孩，她接触的都是一些有钱的成功男人，一次出去玩儿，那女孩把一个公司的老总介绍给她……一切就从那时开始了。我说，我们设想一下，如果还能回到十八岁，你还会选择今天这样的生活吗？她说，可能还会这样选择吧，好像自己不适合别的生活。我又问起她以后的打算，她说，这次出去，如果和那个德国人还能找到当初的感觉，她也许会嫁给他，但是在这个世界上，再不会有任何一个男人能像刘那样让她迷恋，让她为他流那么多的眼泪了……

从国际大厦出来的时候，天色已晚，大街上闪烁的车灯流动成一条欲望之河。衣衣站在路边，开始打电话约朋友的消夜，对于她来说，这才是一天的真正开始，而对于我，夜晚来临则意味着一天工作的结束。我们的生活就像白天与黑夜有着两种完全不同的颜色。

两天以后，我又收到了衣衣的邮件。

瑞霞：

现在的日子我过得很恍惚，为他付出总是那样无怨无悔，哪怕他只有一句好听的话，我都会幸福很久。他并不是像你说的是一个不会在一个女人身边停留的男人，只是我并不是他喜欢的那种样子。我没有美丽的外貌，没有诱人的曲线，以前之所以他能接受我，是因为我对他的付出。

想想自己真的很悲哀，每天一有空就去他常去的地方，就是想能看他一眼。他现在想和我说话就说一句，不想说就像个陌生人。今天给他打电话，他说最近心情烦躁，让我不要给他打电话，他知道什么时候该找我。可是我明白，如果我不找他，他根本不会来找我的。我好想哭，痛痛快快地哭，我真的是很没出息。世界上不是没有好男人了，但是我却只想着他。

我明白，他知道我离不开他，喜欢他，所以对我他可以想发脾气就发脾气，他说怎样就怎样，我就是这么努力地在做，很小心翼翼，他还是说累。不怕你笑话，我都曾经想去整容。其实我对他没有什么要求，只希望一个星期或者半个月，他能抽两三个小时和我聊聊，或者吃顿饭。这对我来说简直就是一个梦想。

我曾经对他说过，戒烟容易，戒你太难。每天抽着他喜欢的烟，喝着他喜欢的茶，用着和他一样的电话，对他我就像吸毒成瘾的人，没办法自拔。我真想得失忆症，这样我就能在很短的时间内结束痛苦。每次电话一响我都希望是他，虽然明明知道看到的结果一定是失望。都说时间可以改变一切，可是我们分手九个月了我依然没有改变对他的感情。真的希望他知道了这些能有哪怕一点的改变，我就很满足了……

衣衣

下面是我给她的回复。

衣衣：

那天回家的路上，我一直在想着你的故事。

不管你现在是怎样的生活状态，我觉得其实内心里你和大多数女人一样，渴望被爱，并愿意为爱付出，只是你爱的方式和爱的对象不对，所以这份感情让你活得如此没有尊严，如此不自信。不知你有没有想过，也许你更适合另外一种生活，一种质朴而安心的生活，只是从一开始你就没有机会尝试而已。

希望这样的生活，你能在远方找到。

瑞霞

谁是值得你一辈子去爱的女人

随着电视剧《中国式离婚》在各地热播，引起了人们对爱情婚姻的普通关注。它剖析了三对夫妻的情感方式和他们各自在婚姻生活中所面临的问题，通过展示一个普通家庭走向离婚的轨迹，放大了婚姻中的不宽容、不理性所带来的伤害与疼痛，从而引发了人们对婚姻的容忍、信任与责任的思考。

《中国式离婚》把婚姻契约下的夫妻之间的背叛归类为三种形式：心的背叛、身的背叛、身心的背叛。看完这部电视剧，关于这三种背叛对婚姻的伤害，人们众说不一，有人深恶痛绝，有人不以为然，有人赞同剧中刘东北的观点：适度的出轨是保持婚姻稳定的条件之一。

做《人生采访》这几年，我曾经听过不少关于背叛的故事，对于出轨的一方，也许有种种理由为自己辩解，但无论如何，夫妻间一方的背叛对另一方的伤害是无法否认的。特别对于那些深爱着对方的男人和女人来说，从最初的震惊到后来的伤心、愤怒甚至绝望，没有过这种经历的人是很难体会的，而遭受了伤害的婚姻，有的因此劳燕分飞，完整的家庭从此分崩离析；有的虽然度过了危机，但留下了创伤，也许要用一生的时间去复原。

竹青，30岁，教师。她和我开始联系是在2004年10月，在给我的第一封邮件中，她说一年多来，由于老公的婚外情，她饱受折磨，家庭也受到重创。从那之后，我们一直通过网络和短信保持着联系。几个月以来，她焦虑、痛苦，但又怀着最后的希望，试图努力挽回曾经的幸福。在网上，我看到了她发给我的全家福照片，镜头前的一家三口，幸福和谐，画面完美得几乎无可挑剔。看着她那恬淡、满足的笑容，想着她此时的悲伤与无奈。我想，我们的确有选择生活和感情的权利，但我们没有伤害别人的权利，只有在这样的前提下，我们才能坦然地享受我们的幸福，并且让自己活得心安。

我傻傻的幸福日子在2003年的夏末被彻底地打碎了

记得"非典"时期，网上流传着一篇文章《老公有了外遇，各地老婆怎么办》，我看了以后，觉得很有意思，随后推荐给了一位要好的网友。网友看了后问我："如果你老公有了外遇，你会怎么办？"我随口答道："不知道，我没有想过，但我应该和她们都不一样。"网友说："我就知道你和她们不一样，因为你是河北的老婆。"

是的，我从没有想过自己的老公会有外遇，因为我对我们10年的感情充满了信心。我和昕是在大学校园里相识、相恋的。我们走到一起很不容易，他家在农村，当初恋爱时，我父母非常反对，但在我的坚持下，我们经过了5年的爱情长跑，终于走进了婚姻殿堂。如今女儿已经4岁了，聪明、活泼、美丽，人见人爱。我们的感情一直是那样的好，那样的融洽。虽然结婚后我们一直是两地分居，但两个城市坐火车只有一个半小时的距离，平时周末他经常回来，寒暑假，我带着孩子去石家庄和他团聚。他大我5岁，共同生活的日子里，我备受他的宠爱。我一直傻傻地认为自己是个幸福的小女人。

但我这种傻傻的幸福日子在2003年的夏末被彻底地打碎了。8月底的一个周末，我和昕一起去农村看望他的父母。一路上，我接连收到了同一个手机发来的几条短信，内容都是"亲爱的，我想你"，"亲爱的，你怎么不理我了"之类的。我拿给昕看，他说："肯定是发错了，别理他。"我也是这样认为的。但到了公婆家，手机响了，还是刚才发短信的那个号码，因为是漫游，我用婆婆家的电话给对方回了电话。接通后，我才知道手机的主人是个女的。我告诉她："你发错了，以后看好了再发。"我还跟她开玩笑："你别再给我发了，我老公看见会误会的。"而对方只说了声"对不起"就挂断了。

可没过几分钟，她的电话又打了过来。这次她指名点姓地问我："你知道你老公有几个老婆吗？"我的头一下子蒙了，我说："知道，就我一个。"她歇斯底里地嚷道："一个？那我算什么？你不在的日子，我们过着夫妻一样的生活，而且我们连婚纱照都照了——"当时，我感觉自己快被气晕了，但我仍然平静地对她说："我相信我的老公。男人嘛，不过是逢场作戏罢了，你又何必当真呢？我爱他，而且我知道他也爱我和女儿，他离不开我们。"她和我叨叨了半天，具体说的什么，我都记不清了。只记得她告诉我，昕曾对她说过，他不再爱我了，和我在一起他感到痛苦，他不想碰我，而且昕还对她说我们两三个月都没有夫妻生活了。最后，我实在是不想再听了，对她说："对不起，我累了，我要挂了。"

我本以为她不会再打电话来了，可谁知她疯了一样地打电话找昕。昕只是沉着脸不接，我也不想再听她的话，每一句都像刀子一样扎在我的心上。最后，我婆婆接了电话。我不知道她们都谈了些什么，只知道婆婆气得够呛，把昕狠狠地训了一顿。

　　和昕在我们的屋里，我哭了，我问他为什么会出现这样的事情。他仍然沉着脸一句话都不说。我对他说："你自己选择吧。选择我，回家来和我们好好地过日子，选择她，我带着孩子离开。"昕说："我不会离开你们的，除非你嫌弃我不要我了，而且即使我们离了婚，我也不会和她结婚。"我说："那好，你告诉她，咱们不会离婚，你们分手吧。"昕说："我就是想和她分手呢！我没想到会发展成这样，她说离不开我了，还说要给我生个孩子。我怕了，所以想和她分手。这一阵子我都没理她，她急了，所以才会这样的折腾。"

　　昕说的这些话我是相信的。因为从去年年底开始，他就总是说工作忙，应酬多，经常凌晨一两点才回家，周末了也总是说要加班。回到家里，情绪也不好，总是唉声叹气的。我们的性生活也不如从前好了，而且他总有一种敷衍的感觉。我问过原因，他说工作太忙，也不顺心。他 2000 年得过急性肾炎，我总怕他过分的劳累，所以我也就听信了他的解释。从 2003 年 7 月份开始，他所谓的应酬明显少了，即使有，一般到 10 点左右就回家了。我还笑着夸他"改邪归正"了呢。可谁知这里面藏着这么大的一个秘密。

　　他答应我和她分手，但让我给他时间。我说不行，回石家庄就去找她谈，和她分手。我看出他勉强答应了。那天在婆婆家过了一个灰暗的周末后，我们在周日的晚上回到了石家庄。

看着他说舒服时那陶醉的样子，我才发现我做女人是这样的失败

那天在回石家庄的路上，他们约好在欧韵公园见面。在华夏车站下了车，昕让我带孩子先回家。我固执地说："不，我等你。"因为我怕，怕有什么意外发生，而且我也迫切地想知道结果。昕走了，我就在一家饺子馆北面的小街心花园里抱着孩子等他。

天已经黑了，孩子也累了，在我怀里安静地睡着了。我的心里堵极了，我把我们从相识、相恋、结婚到现在10年的经历整个儿过了一遍。我真的不知道我错在了哪里，我大学毕业，有一份不错的工作，而且相貌也还是很自信的；我为人非常随和，虽然也会和他耍个小脾气，但他都是表示了容忍的；我知道昕心高气傲，在工作上一直不是很顺心，所以我一直在鼓励他，从未给过他什么压力；有了孩子后，因为我们自己带孩子，多多少少影响了我们的感情，但孩子一天天地长大，现在上幼儿园了，我们也轻松了许多；孩子又是这么的漂亮可爱，我每天送女儿去幼儿园，我的很多学生都喜欢她，争着和她打招呼，让我有一种明星妈妈的感觉；现在他的工作也开始有了起色，就在周一也就是明天他的办公室主任的任命就要下来了；重要的是我们曾经那样相爱。我真的是感觉我们的生活、我们的未来充满了阳光。可谁知……

我的眼泪止不住地往下流，像所有处在这种状况下的女人一样，我恐惧、忧虑，不知道自己该怎么办。我真的没有想到这样的事情会发生在我的身上。我还年轻，或许到我四五十岁时发生这样的事情，我心里的承受能力会更大些。可我还不到30岁，他怎么会这样残忍，对我做出这样的事情来。我该怎么办？

我想到了在网上看到的那篇文章，像其他地方的老婆一样，和他离婚？和他大吵大闹，再让娘家人教训他一顿？或者是我也去找一个情人，我们彼此相安无事？不，我都不想。我想以平和的心态来解决，因为我爱他，爱这个来之不易的家。因为孩子不能没有爸爸，因为我不想带给双方老人不快，所以我希望昕能完全地回到这个家里来，我们一家三口就像什么都没有发生过一样过着恬静相爱的日子。但这一切还会有吗？我们还会回到从前吗？我的心里乱极了，真的不知道自己该怎么办？

　　两个小时以后昕回来了，从他的表情看他是轻松的，他告诉我他们结束了，我没有说什么，但我心里清楚，他们已经发展成这样了，哪里会那么容易地结束呢？

　　在随后的一个多月里，我过着梦魇一样的日子。她给昕打电话，而且是不分时候地打；给我发短消息，在短消息里说我是"可怜的傻女人、蠢女人"。晚上我总是做噩梦，总是梦见她恶狠狠地冲我嚷、骂，可昕在旁边却什么也不说。虽然昕按时回家的次数多了，但我知道他的心并没有完全回来。我和他谈过，但他什么都不说。我说得多了，他便说："你真麻烦，要不你也找一个情人吧，省得你总唠叨我。"我吃惊极了，这是那个我深爱的昕吗？是那个曾经海誓山盟的昕吗？

　　我承认在这期间我有些事情做得过分了。我偷换掉了昕的手机卡，我以昕的名义给她发短消息。从她回的短消息中我发现他们还在尽一切可能约会，她还在叫他"老公"。我和昕大吵了几次，每次都是以他的忏悔结束。他给我发短信："我心里很烦，满脑子是你，我真糊涂，我要好好待你，你真的好委屈，让我心疼。"他紧紧地抱着我对我说："对不起，真的对不起。我不想让你知道这些，我想悄悄地解决的。我知道我太伤你了。"他说这些话时，我相信他是真心的，因为我知道我在他心中的位置，但我不得其解的是他为什么离不开那个女人。

10月中旬一个阴雨连绵的周末，所有的疑问都有了答案。周五的下午，昕告诉我晚上有事，不回家吃饭了。我不相信，因为是周五的晚上，又下着雨，单位还会有什么事呢？我本想打电话到他的单位，但我没有，我想给他信任的空间。

晚上10点多了，他没有回家，我给他打电话，他挂断了，随后给我发来短信告诉我他在打麻将。我想我相信你，我也等着你。凌晨两点了，他仍然没有回家。打他的手机两遍后他又挂断了。随后发来短消息告诉我他们可能要打通宵，随后就关了机。因为以前他出去应酬总是和单位的另一个同事一起去，所以我控制不住给那个同事打了电话，但就在他同事接电话的一刹那，我后悔了，我立即挂了电话，并关了机。不过就在那一刹那我明白昕骗了我，因为那个同事的声音是睡意蒙眬的，而且周围静悄悄的，没有麻将声。昕在哪里？他在干吗？我真的不愿意往坏处想他。

好不容易挨到天亮，简单地给孩子弄了些饭吃，我带着女儿冒雨到他的单位找他，他根本就没在。我又到了他的同事家，同事也不知道他去了哪里，而且昨晚根本就没有什么应酬。这时昕打来电话，告诉我他回家了。

回到家里，他看上去一夜没睡的样子。我问他干吗去了，开始他还是一口咬定打麻将去了，后来在我的逼问下他承认是去找她了。我一听眼泪就又下来了。我问他到底是为什么，我哪里做错了？他说："你真的想知道？那我告诉你。因为我和她在一起感觉很刺激、很舒服，她什么都可以为我做，你会吗？你能做到吗？和她在一起后，我真的不愿意碰你了，我真的感觉到自己非常痛苦。"天啊，原来就是这样的原因。我说："你喜欢，你可以告诉我，夫妻间有什么不可以做的呢?"可他说:"不知道为什么,我不愿意让你这样做。"看着他说舒服时那陶醉的样子,我才发现我做女人是这样的失败!

凭着十年来我对昕的了解,我就想过昕会回到我身边的,他不是一个没有责任感的人,也许只是一个时间的问题

那天我对昕说:"咱们离婚吧!"我本以为昕会求我不要离婚的,可没想到他像抓住了一根救命稻草一样两眼放光地说:"行,除了闺女,什么都是你的。"我说:"你没有资格分配,孩子是我的,所有的一切都是我的。我没有那么高尚,既然人我得不到了,东西我都要。"昕说:"我的衣服可以拿走吧?"我回答他:"不行,那些也都是咱们生活期间买的。"昕说:"你别和我这么折腾,我告诉你,真斗起来你斗不过我。"我没想到他会这样绝情。是,我承认我斗不过他,这些年他公司里法律上的事务都是他负责的,他的法律知识远远超过了我,而且他还有好几个律师朋友。听了他的话,我冷静下来了,为什么要离婚?为什么要让孩子没有爸爸?为什么要让年迈的双亲跟着操心?我就这么轻易地把我的家拱手让出去吗?

突然间,我有了自己的决定。我平静地对他说:"我不和你离婚了。我要这个家,我要让女儿有爸爸,哪怕这些都只是名义上的,所以你不能给她任何承诺,我不会离婚。而且我允许你'一夫二妻制',但是节假日你是属于我和孩子的,除了工作,你哪里也不能去,我要让女儿有个哪怕是假的幸福的童年。其他的时间我不管,那是你们的时间,我不会打扰你们。但你要告诉她,她也不能再打扰我,不要再给我打电话和发消息。"

他听了我的话,好像很吃惊,带着怀疑的表情问我:"这真的是你的决定?"我说:"当然是,我什么时候说过假话?但我希望你也能冷静地想一想，你这样做，不仅是对我的伤害，你想过孩子大了问你，你怎么回答没有？另外，你有没有为她想过？她不能享受做母亲的乐趣，一个女人没有孩子就不能称其为一个真正的女人。是，你们可以有孩子，可你愿意让自己的骨肉一生下来就没有真正意义上的爸爸，你忍心让别人背后叫他私生子吗？她现在还年轻，可她老了怎么办，你让她一个人孤零零地死去吗？"

昕沉默了。过了一会儿，他对我说："你真厉害，我没想到你会说出这样的话来。你这招太厉害了，你这样做，我们就真的完了。骗着你我心里倒不觉得什么，可你这样做，我会觉得心不安的。"

我知道他会这样说的，凭着十年来我对昕的了解，在我说那番话的时候，我想过昕会回到我身边的，他不是一个没有责任感的人，也许只是一个时间的问题。

我还把我的决定亲口告诉了她，她也不相信，沉默了一会儿，她问我："你真的是这样决定的吗？"在得到我的肯定答复后，她说："如果真的是这样，我退出。爱情是自私的，我不容许我爱的男人还有其他的女人。"听了她的话我感觉很可笑，既然她知道爱情是自私的，那她为什么还要在别人的家庭里插一脚呢？但一个巴掌拍不响，我又怎么能去单独指责她呢？

这样的日子里，我充满了屈辱感。我是一个受过高等教育的现代女性，怎么会过着这样一种畸形的生活

我真的不知道我的选择对不对。从表面上看，那些天我们的生活似乎又进入了正轨。昕较前一段变化了许多，对我和女儿也温柔了许多。而这些变化也只有我这个做妻子的才能体会到。对他以前说过的话、做过的事他都对我表示了歉意。他骂自己不是人，还告诉我其实和我在一起，他的心才是踏实的，我和女儿在他的心目中是别人永远无法替代的。

但我心里清楚，他们仍然在见面。我知道他在一步步地往家走，但真要让他彻底和她分开还是需要一段时间。这样的日子里，我充满了屈辱感。我是一个受过高等教育的现代女性，怎么会过着这样一种畸形的生活？唯一的答案是因为我爱他，所以这些我都接受了。

从做出决定到现在，半年的时间已经过去了，我一直在给他机会，可他一再地让我失望。在这半年中又发生了很多事情。我能感觉到他也在为挽救我们的婚姻而努力，只是他解决问题的方法一直让我恼火。

我不想多说那个女人的坏话，她付出的代价也挺大的。昕是在工作之余外出应酬时认识她的，她说，是昕主动接近她的。认识昕以后，她和丈夫离了婚。确实，在她看来，我老公挺优秀的，尤其是从她所处的环境看，但再优秀那毕竟是别人的老公呀！她看到的是别人的丈夫最风光的一面，可我们夫妻共同走过的那些艰苦的日子，她知道吗？她说昕这几年混得不错，可她知道昕刚参加工作时每月工资400元，要花200元租房子时的样子吗？

昕和我说过，即使我们离婚，他也不会选择她的，因为她太随便，不让他放心。还说她不适合做老婆，只能做情人，而我是和她完全不一样的女人。那个女人问过他，老婆不在他身边，他放心吗？他说放心，因为我不是那种轻浮的人。她18岁就跟了她的前夫，想想我18岁那年刚上大学，清纯得不行。当时也有条件好的男生追过我，但我最终选择了昕，昕是我第一个也是唯一的恋人。

而她明明知道她和昕不会有结果的，但就是放不下。可能女人都这样，一旦陷入感情的泥潭就难以自拔，谁让女人是感情的动物呢？很多故事中的女主人公都打着不干扰别人家庭的旗号，可实际上到最后谁又会悄无声息地退出呢？

有几次昕是被她逼过去的，她自杀，到昕的单位去闹，每一次都是以昕的妥协告终。我明确地和昕说这样下去不是办法，可每当这时，昕总是很烦躁，说他知道怎么办。很多时候我们说起来，他总是说，他知道这样对我不公平，让我给他时间，慢慢地她会彻底失去希望的。

也许昕心里真是这么想的，但客观条件是对我不利的，毕竟我和昕不在同一个城市，我不在家的时候，昕做什么我并不知道。虽然我知道既然我选择了婚姻我就应该相信昕，但出现了这种情况之后，让我再像以前那样信任他，我真的很难做到。

他和她都告诉我他们分手了，但从昕的话费清单上可以看出他们一直还在联系。我和昕说，分手就是分手了，你们不要再有任何联系。但昕说她不答应，说分手了还照样可以做朋友。对于他们的这种说法，我不能接受，普通的男女联系多了都不知会生出什么瓜葛来，更何况像他们这种关系呢？

那些天我一直在等待中，等待真正恢复平静的那一天，但我真的不知道能不能等得来

就在我等待他回来的过程中，有一天，我发现昕又带她回了我们石家庄的家，那个女人给我发来这样的短信："我们是不可能分手的，你们不用离婚，我不在乎什么名分，只要有他就够了。"

当时我真的感到绝望了，喝了很多的酒，醉了。我以前从没有喝过酒，但那天忽然发现喝醉的感觉真好。那天也巧了，我婆婆给我家打来电话，我是醉着接的，接电话之前我还念了一遍显示的号码，但没反应过来是我婆婆的电话，张嘴就说："你好！"在知道是我婆婆的电话后，我又说了很多的心里话。后来电话被昕抢走了。

第二天一早我婆婆就又打来了电话，在电话里她哭了，昕难受了许久，我婆婆已经是快七十岁的人了呀。她肯定不愿看到这样的事在自己儿子身上发生，但是没办法，谁让她儿子是个男人，是个受诱惑的男人呢？

不过，那天婆婆的话还是管用了，从那以后的一段时间，昕和她之间的联系少了很多。

直到年前，昕在从上海出差回来的路上发生了车祸，胳膊骨折，住进了医院，我去照顾他时，发现他们的联系又频繁了起来，在医院里电话一直不断，我和他吵了几次，后来稍好了一些。然而就在他上班的第一天，我因为不放心他，把他的手机办了呼叫转移，转到了我家的电话上，那天单位还真有事找他，我知道他没有去上班。

他骨折的胳膊还没有完全好，就跑到桥东去找她了，我给他发短信让他回家，他竟然说等吃完饭再回。我非常气愤，威胁他，我要带着孩子自杀，而且告诉他不要打电话，会爆炸的，他才匆匆赶了回来。

随后的一段日子，他收敛了许多。但到了3月中旬，矛盾再一次激化，她怀孕了，看来她是打算死缠着昕了。那是一个星期天，他又去了她那里，下午给我打电话说不回家了。我急了，告诉他如果他不回家就别想再见到我和孩子。迫不得已，他回来了，刚一到家，她的电话就打到了家里，她说我霸道，她把孩子做了，只是想让昕陪陪她，而我都不答应。她还问我有没有想过，她要是要了这个孩子会怎样？当时我真的觉得她既可恨又可怜。我问昕，这就是你要的刺激吗？昕说，这样的游戏不好玩，太刺激了，他受不了了。

我开始怀疑自己的坚持，真的是对的吗？值吗？我说，我也受不了，不想再陪你们玩下去了。这次我又提出了离婚。我还是说什么都没有他的，都是我和女儿的。这时昕又一次反悔了，他说，再给我一些时间，我一定会彻底地回来。

那些天我就这么一直在等待中生活，等待真正恢复平静的那一天，但我真的不知道要等到什么时候，到底能不能等得到。

就在我和竹青聊过上面的这些事情之后，大概过了有一个多月的时间，我接连收到了她发来的短信：

"我遇到麻烦了，昨天她喝药了，今天他失踪了一天，我该怎么办？"

"我老公回家了，她又割腕了，我说不清我的感觉，心里很沉重。"

"他今天回石家庄和她谈判去了，我不知道结局会怎样？"

"她提出要一万元，就清了，他答应了，这就是结果。"

看着这样的消息，有些出乎我的意料，没想到竹青的丈夫和那个女人之间一场那么不管不顾的情感纠葛，竟会以这样世俗的方式收场。不过，我又想，如果这就是竹青故事的结局，倒也是个不算太坏的结局，男人一番放纵之后，然后回心转意，虽然爱经历了背叛，已经有些面目全非，但一家人毕竟还是一家人，但愿时间能抚平竹青心底的痛，让一切能回到从前。

因为竹青刚开始和我联系时曾和我说过，她只是有很多话想和我说，但并不想让我把她的故事发表出来。她说，她和老公的关系正在修复之中，不想有什么影响了他们。我答应了她的要求，所以一直没有想要整理她的故事，现在昕和那个女人分开了，事情在向着竹青所希望的方向转化，为了让竹青早日摆脱那些痛苦的记忆，我决定以后不再和她联系。

然而，就在几天前，我又收到了她的短信。

"我的故事给了你了，但结局是另一个——我们要离婚了。"

"他们不是分开了吗？"

"是分开了，付出了 13000 元的代价。离婚是他提的，他感觉没意思了，对我失去兴趣了，他说别的方面我们都很好，就是在性生活上他不行，他感觉很痛苦，所以何苦呢，不如趁早撒手吧……"

"真的没希望了?"

"我也不希望这样，但已经不可能了，现在的纠葛是房子，我要保证我和孩子以后的生活……"

我没再多问什么，此时此刻，事情走到这样的地步，不论是竹青还是昕，一定也和我一样，有一种无可奈何花落去的感觉。

此刻当我即将写完这篇采访手记时，我又一次听到了《值得一辈子去爱》这首歌。

谁是你值得一辈子去爱的女人

无论多久从不散去的温存

谁是你值得一辈子去爱的女人

醒来身边望着你的清晨

谁是你值得一辈子去爱的女人

是你说过还是我天真

谁是你值得一辈子去爱的女人

来世今生最想要回的人

……

在歌手纪如璟的演绎下，爱情是那般的如糖似蜜，让人如痴如醉。然而不知从什么时候开始，我们的感情变得如此脆弱，在没有止境的欲望面前那么不堪一击，"执子之手，与之偕老"天长地久的爱情已经像神话一样的日渐遥远了。当面对生活中无处不在的魅惑，我们是否还能记得并且珍惜——那个自己曾经发誓要用一生去爱的人呢?

爱似琉璃

2001年7月11日，中午。我坐在火车上，伴着车轮与铁轨的铿锵撞击声，读着上车前在报社的办公桌上拿到的一封读者来信。"……我想把我的一段情感经历讲给您听，因为我觉得您是一个真正可以坐下来听别人讲的人。我至今都无法从这段感情的阴影里走出来，真的很想听听您的看法。"信上的字迹清秀利落，我想起上午，她曾给我打过一个传呼，我回电话时，接电话的是她的母亲，她母亲说，是我女儿要的传呼，她很想跟你谈谈，现在她不好意思接电话，让我替她说。我听了不禁笑起来，感觉像面对着一个躲在母亲衣襟后面向世界张望的小女孩。

几天之后，晓玉来到了报社，虽然在这之前，我曾想象过她的样子，但当她站在我面前的那一刻，我依然被她身上流露出的一种很清纯的气质所打动。如果不是看过她的信，我真不敢相信，她是一个离异的 30 岁的女人。她那带有几分羞怯的笑容，和眼睛里所流露的神情，使我联想起了透明的琉璃制成的工艺品，一样的晶莹剔透，一样的脆弱易碎。她身材修长，那双眼睛可以说很漂亮，但是给人的感觉不张扬、不矫饰，通体散发的是那种很自然、很朴实，让人挺放心的那么一种美。随意地聊了几句之后，晓玉向我讲述了她的感情经历，而随着她的讲述，一见面时我对她产生的几乎是本能的预感，也一步步得到了证实。

晓玉结婚很早，丈夫是她的同学，也是她从初恋到结婚到离婚所经历的唯一的一个男人。她像许多本分的女人一样，把她的婚姻看做天经地义的事情，结婚、生孩子到两个人厮守到老，就像人的生老病死一样，是一个很自然的生命过程。她说，在感情上我的要求很简单，在一份普普通通的日子里守着一个爱自己的平凡男人就已经是最高理想了。但是人的命运并不像天气一样可以预报，往往在你毫无精神准备的情况下，你的理想和幸福在一夜之间坍塌。正当晓玉心无旁骛地操持着自己的小家庭时，"忽然有一天有人对我说，我一向信赖的丈夫在外面包养了一个小姐，两个人已经好了很长时间了，当时我整个人都傻了。"晓玉说到这儿，一双漂亮的眼睛很认真地看着我，从她的眼神里还能看出当时那件事给她带来的震惊和伤痛。

离婚就像是一场搏斗，弄得人身心疲惫，伤痕累累，我是一个对生活非常认真的人，但在那段时间我过得相当混乱和迷茫，最糟的是我做人的信仰被破坏了，我不敢再相信任何人，我把自己封闭起来，像个小蜗牛，缩在自己的壳里，怕再一次受到伤害。这期间别人给我介绍过几个男朋友，都是匆匆见过一两面就算了，我不知怎么着，就是找不到感觉。直到今年 2 月份，我遇到了他，一个让我到现在都无法忘怀的男人。

　　虽然晓玉结过婚，生过孩子，但是我发现也许是天性使然，也许是简单的经历，使她在第二次的恋爱过程中，甚至比许多女孩子还要单纯，在许多女孩子看重男人的财富、权势，幻想通过婚姻改变自身命运的当今社会，她寻找的却是一份"恋爱的感觉"。

　　对方的那些外部条件没有任何优势，工人，离异，住房给了女方，自己住在租来的房子里。然而，就是这么一个在别人眼里极普通的男人，却深深打动了晓玉。她说："第一次见面，给我印象最深的是他的笑容，那么温和而明朗。那天，我们只简单谈了一些各自的情况，他是因为妻子背叛而离的婚，我听了立刻就有了一种同病相怜的感觉。"至今晓玉仍清晰地记着他们在一起的每一个细节，因为正是那些瞬间和细节曾深深地慰藉过她那颗受伤的、孤独的心灵。

　　她记得他们第一次单独约见时，在外面走了很久，感觉很聊得来，后来他请她吃饭，问她想吃什么？她说："汉堡。"他说："行，走吧。"她笑起来，她说："这儿离肯德基远着呢。"

　　他说："没事儿，只要你想吃，咱就去。"她说，他对她的好，近乎于宠爱，而她又觉得他什么都懂，什么都会，简直有些崇拜他，他们有很多共同的话题和爱好，在他面前，她兴奋地像个孩子，有时，走在路上，想着他，想着和他在一起的情形，她情不自禁地笑起来。而他也说，和你在一起真开心，当初谈恋爱时，都没有这样的感觉。星期天，他骑自行车带她去郊外，她坐在后座上，用手环着他的腰，心里充满欢喜，过马路时，他牵着她的手，在十指相扣的那一刻，她想，就这样一辈子多好。她甚至想好了将来就在他租的房子里结婚，她想着只要能这样拥有他和他的爱，未来的日子即使清贫些也会有无尽的快乐。

当晓玉说起这些时，我看到她的眼睛犹如深潭的波光，闪耀着梦幻般的色彩，面颊也似乎在散发着润泽的柔光，我听着，没有插言，甚至身子都没有动一动，因为我担心，我的一个举动或者无意中发出的一点声音，会惊醒了她，她的幻想是那么纯美，而现实却往往是那样无情，她的梦又能持续多久呢？

正像我担心的一样，晓玉的梦想很快就像肥皂泡一样破灭了，更让她没有想到的是，惊扰了她的竟是一个不合时宜的电话铃声。

那天，我们逛了一会儿商场，就一起去了他家，我们一边做饭，一边聊天，他说，看你做饭真是一种享受，我听了很得意。晚饭时我们还喝了一些啤酒，那天气氛出奇的浪漫，出奇的好，他那么专注地看着我，他说，我喜欢你，我真的喜欢你。我轻声地问他，多久，你能喜欢我多久？我反反复复地问着，他反反复复地说着，那一刻我被他的眼神感动得几乎要落泪了。就在这时，我的呼机响了，我一看呼我的是一个认识多年的异性朋友，我们只是一般的朋友关系，不经常见面，但有时也打电话互致问候，但那天我不想给他回电话，我不想让不相干的人打扰了那么好的气氛，再说，我也不愿让他知道是个男人呼我，怕他会由此对我产生不好的看法。于是，我随口说，是个女同事呼我。他没说什么，只是看着我。就在这时，我的手机又响了，还是那个朋友，他问我："干吗呢？呼你也不回电话？"我告诉他我现在和我男朋友在一起，然后简单地聊了几句就放下了电话。当时，我觉得特别尴尬，忙向他道歉，他说，那个人是不是喜欢你？我说，不是，我们只是比较谈得来的朋友，我不回电话是怕你产生不必要的误会。我越解释越觉得自己语无伦次，他说，好了，如果没事，就不要提了，我忘了。我的确不是有意骗他，因为我觉得在感情上受过伤的人都比较敏感，而且，我以为我为此道过歉，事情就算过去了，可后来的事证明，我干了一件蠢事，而阴影就这么留下了。

接下来的日子，我们还像以前一样经常见面，一起出去吃饭、看电影，星期天他还骑着自行车带我去郊外，但我还是感到了他的一些变化，他的电话少了，见了面话也明显地少了。有时，他还有意无意地问我："骗人好吗？"我说："不好，我已经道过歉了。"他只是笑笑，什么也不说，我害怕他这种沉默，我很想跟他好好谈谈，我想把我不好的感觉告诉他，我想找回从前的轻松和快乐，可我却感到自己力不从心，我们就这样小心翼翼地相处着。

听晓玉说到这里，我已经能感到她和那个男人之间的事情已经结束了，他们不会再有别的可能。我曾在一本书上看到过这样一句话：上帝发明疑惑时，所有的关爱都变质了。但是晓玉当时并不这样想，她虽然也有了不好的预感，但心里依然存着一线希望，直到后来，呼他，不回电话，打手机也不接，但她不相信一个曾那么喜欢她的人会无声无息地消失，不相信这一次的感情又是白白地付出。母亲和朋友都劝她，别抱希望了，如果他在乎你，他会这样不管你的感受吗？她不听，她说，我们都是受过伤的人，他怎么可以这样折磨别人的感情。他应该知道什么是痛啊！

晓玉说，那些天，心就那么悬着，整夜睡不着觉，后来想出去走走，就一个人去了五台山。躺在宾馆的床上，她又开始给他打电话，他的手机依然是关着的，她就不停地拨，终于拨通了，她特别高兴，她想告诉他，她有多么想念他，多么在乎他，可是她说不出口，她只是问他："为什么这么多天没有消息，是不是还在生我的气？"他说，心里挺烦的，又说现在也在外地，等回来再和她联系。而回来之后，他还是没和她联系，她呼他，说想见他，他说，没必要，咱们之间算了吧。她坚持要见他，想把这么多天的感受告诉他，可他说："没必要了，我没有时间。"晓玉说，到现在她还无法形容当时的感受，同一个男人把你捧到天上，又把你摔到地上，落差怎么会这么大呢？再说，他当初也是那么投入，她相信他是真的，一个人即使再会演戏，那种快乐的眼神是无论如何也装不来的。

半个月后，我见到介绍人，他说，你们分手的原因问明白了，就是因为那个电话，他觉得你骗了他，不再相信你了。我惊呆了，虽然那件事情怪我，可是在以后的日子里，我用心、用行动来弥补我的过失，表达我的爱情，在他面前我是透明的，我以为我的坦荡能让他重新认识我，我认为我的痴情能让他珍惜我，能做的我都做了，怎么会是这样的结局，我真的是那么不可原谅吗？

眼前的晓玉让我想起了安徒生笔下那个卖火柴的小女孩，在寒冷的冬夜里，她满足地凝视着眼前那一团小火苗，幻想着永恒的温暖，而当火苗突然熄灭的时候，她一遍遍地责备着自己的疏忽，然而她又是多么的无辜啊。我忍不住说："你就没想过，一个连这么点儿小误会都不能包容你的男人，怎么可能包容你的一生呢？假若，你和他结婚后，再发生这样的事，对你岂不是更大的伤害？"晓玉听了我的话，低下头想了想，又抬起头说："我知道，他也许不值得我这样，可我还是忘不了他。"她告诉我，分手后，她总是抑制不住地想他，有一次她在快下班时去他单位，躲在大门口一边，等着他从里面出来，后来，他骑着车子出来了，那一瞬间，她的心跳得厉害，她注视着他走过，骑着车子不远不近地跟着他走了一段，他就在那儿，就在她的眼睛能看到的地方，虽然只是一个背影，她也觉得很满足了。说到这儿，她有些不好意思地笑了，还是那种羞涩的、近乎天真的笑容。她又说："这次去五台山听到的最多的一句话是'随缘'，他们说缘分这东西是有始有终的，是你的就是你的，不是你的终究要离你而去，这句话，我信。"

临走的时候，晓玉说，谢谢你听我述说，感觉心情好多了。她又说，如果故事能在报纸上发表，就用"晓玉"这个名字吧，因为我们俩的名字里都有一个玉字，听了她的话，我忽然觉得心里泛起了一丝酸楚，说不清是什么滋味，我在想，这瞬间的感受或许就应该叫做心疼吧。

白鸥问我泊孤舟

"你有多久没有被感动过了？"

有时我会不由自主地这样问自己。而每当我向自己发问时，我知道其实我是在暗自担心着什么。做《人生采访》两年间，见证和分享了那么多人的伤悲与喜悦之后，我担心自己曾经敏感的心灵会日益麻木，从而逐渐丧失对幸福和痛苦的感知能力，不再被人性中那些善良、深刻、纯净的东西所打动，那将是我最难过的。

这天晚上，我的一个朋友打来电话，约我出去走走。见面后，她把和她一起来的另一个朋友介绍给我，并说她很有才情——"琴棋书画无所不能"。这个人就是清池。熨帖的短发，匀称的身材，一件淡雅的旗袍，穿出了几分《花样年华》中张曼玉的精致，举手投足、一颦一笑间透着女人的温柔和淡淡的书香气。

生活中的确有一类女人，在她面前，女人会觉得自己有些不像女人了，而男人们，则会生出"不如怜取眼前人"的爱惜之情。清池就是这样的女人，我猜想她的生活也一定是温馨而优雅的，似乎只有这样的生活背影才能与她的外表相匹配，然而，就在这时，我却得知，这些年她一直生活得不幸福，而就在一周前，她离婚了。正在惊讶之间，听到身边的清池说，和丈夫办完离婚手续后，她一个人走在回家的路上，边走边流泪，最终在家里大哭了一场。她说，那种感情非常复杂，不管怎么说，一起过了这么多年，虽然没有夫妻之情了，但是，还是觉得他就像自己的一个亲人，失去了还是会难过。

没想到，就在这个夏夜，身边这个女人这样一句平淡无奇的话却让我突然又一次感受到了心弦被拨动时的震颤，并在余音缭绕间体味到了一种久违了的感动。

我很想知道眼前这个娴静的女人是怎样一步步走入婚姻的绝境，又是如何从中走出来的，在她美丽的笑容后面究竟隐伏着一段什么样的经历。

于是第二天的晚上，她在约好的时间来到了我家。

坐在客厅的沙发上，我给清池泡上一杯龙井茶。她的表达方式也像她的外表一样清柔，没有给我丝毫的夸张和矫情的感觉。虽然我们之间还不是很熟悉，但是出于对我的信任，她很自然地把这种述说当成了在朋友面前梳理自己的过程，毕竟是刚刚走过了一段纷杂缠绕的日子，她需要甚至是在享受着这样一个过程。

我是在上大学时认识我丈夫的。那时候，我特别单纯，对爱情、婚姻没有什么明确的想法，只是想有个属于自己的家，至于将来的生活是怎样的，想得并不多，可能女孩子在那个年龄都有些盲目吧……

我对家的那种渴望和我的生活经历有关。从小我和父亲的关系就不好。小时候我曾怀疑过我一定不是父亲的亲生女儿，因为父亲对我的那种冷漠和对我妹妹的娇宠，两者之间简直有着天壤之别。我妈妈是个粗心的母亲，她爱我，但她从不在这类事情上留心……

上大学时，我和一个男生之间有了那种朦胧的感情，我们都爱看书，很谈得来，那个年代风气不像现在这么开放，我的性格又比较含蓄，所以很长一段时间里我们一直保持着很纯洁的朋友关系。后来，我母亲生病住院，他陪我去看我母亲，没想到我妈妈见了他之后，说我们俩不合适。因为父亲对我不好的缘故，从小我在感情上一直很依恋母亲，不愿让她伤心，所以虽然心里有些不舍，我还是和那个同学分手了。

这时班里的一个女同学要给我介绍男朋友，那时她已经结婚了，爱人在部队上，她给我介绍的是她爱人的战友。小时候，我曾在部队大院里住过几年，所以我对军人一直有着一种天生的好感。寒假时在同学的劝说下，我陪她去了她爱人那儿。

当时我同学的做法很不负责任，就在我跟她来部队的当晚，她就把我交给了她给我介绍的那个人。他比我大 5 岁，一见面我对他的感觉并不好，但是我在那儿人生地不熟的，我的同学又躲了，我就只能依赖他了。他给我找了住处，有时间了就过来看我，陪我吃饭，我能看出来，他很满意我，但是我对他没有那种感觉，只是想着快点儿离开。然而就在那时，却发生了一件事……那天我有些不舒服，在床上躺着，他开门进来了，我想坐起来时，他走了过来，在我的躲闪之间，他在我脸上亲了一下……说来也怪，本来心里根本就没想和他建立恋爱关系，可就在被他吻过之后，我突然觉得好像和他的事情就只能这么定了。因为那是我的初吻，它只能属于自己未来的丈夫。就这样，一个吻，决定了我和他这段十几年的婚姻……

清池说到这儿笑了笑，她的笑容在我看来有些似曾相识，已经有不少的女人在说起自己清纯而软弱的过去时曾在我面前这样笑过，在这样的笑容后面有许多的隐痛、许多明了之后的懊悔，那是别人永远无法体会的。

　　从部队回来以后，我们就以恋人的身份保持联系。在通信中，我发现他的文化修养不高，文字表达能力很差。于是我就有了分手的念头，这时我的女同学看出了我的心思，劝我放暑假时再过去一下，有什么想法两个人见面说清楚。我就又跟她去了，这次见面后，还是他接待的我，而这次，又发生了一些让我更没法说清楚的事情……再加上我想早一天脱离开原来那个家，于是大学一毕业我就和他结了婚。

　　我的思想算是比较保守的那种，既然嫁了人，我就想着和爱人天长地久地过下去。可是，蜜月还没过完，我就对自己的婚姻产生了怀疑。按说当时他这个人并不坏，但是生活中那种简单粗暴的做派让我无法接受。蜜月里，他就当着朋友的面呵斥我，让我"滚"。

　　他母亲给我的感觉也很不好。婚假快结束时，我回他农村的老家，刚一进门，他母亲就给我一个下马威，立下各种规矩，孝敬老人是应该的，然而他母亲对我婚前婚后态度的变化之大让人很伤心，让人觉得这里面像是隐藏着一个什么阴谋……

　　回来后，我想以后的日子可能会不好过，就有了离婚的想法。和我妈商量，我妈不同意，哪有母亲愿意看到自己女儿刚结婚就离婚呢。她劝我要学会忍耐，还说女人嫁过一次，身价就不一样了，以后更难找到合适的。就在这时，我发现自己怀孕了。因为对婚姻没有信心，我不想要这个孩子……

他可能也预感到了什么，从部队上请假回来看我。知道我怀孕后，对我特别好，再加上我妈的劝说，所以我就犹豫了，犹豫之间，孩子在肚子里也一天天地长大了。

我母亲是个老师，很注重对孩子的教育培养，在她的影响下，我也觉得既然生了孩子，就要有一份很强的责任心，给她一个好的环境。所以孩子生下来以后，我也就不想别的了，为了孩子，自己委屈点也无所谓了。

那时我一个人又带孩子又上班，很辛苦。后来他在部队上升到了副营级，有一天，他提前连个招呼也没打，就开车来接我和孩子，让我们到部队上住。那时候他还是能体会我的难处的，只是由于受的教育少，自身素质不高，不懂得怎样去爱一个人，所以当时我也是看在这方面，虽然没有什么诗情画意，只要他心里还有我，我也就认了。

我是办了停薪留职手续后跟他走的。在部队那几年，虽然有种种不如意和委屈，但是因为孩子还小，我一心想把孩子教育好，把他照顾好，生活也就这么被时间推着走了下来……渐渐地孩子大了，上学了，我开始考虑自己的工作问题，在朋友的帮助下，我的工作关系进了税务部门，但是为了丈夫转业后能有个好的归宿，我把工作让给了他，自己去了别的单位。

妻子贤淑漂亮，女儿聪明可爱，丈夫有一份好工作，这是让很多人美慕的家庭模式，而清池本人，又是个把做女人当成一生的事业来经营的人，所以她很珍惜拥有的一切。她说，在习惯了自己的婚姻模式之后，她对丈夫已经没有了太高的要求，只希望两个人能够平静地过日子，给孩子一个完整的家，她情愿为此付出。然而就像张爱玲说的那样，女人的愿望是一点点缩小的。有一天她突然发现自己连付出的理由都找不到了。

　　一个没有好基础的婚姻，也许会有一时的表面繁华，然而总归是不堪一击的。

　　而一个人如果自己没有成熟的思想，就很容易受周围的环境所影响。有了适宜的条件，原来身上隐藏着的那些虚荣、浅薄、粗俗的东西便逐渐地暴露出来了。

　　离开部队，走上工作岗位不久，很多人都能看出他的变化。很快社会上那些男人身上几乎所有不好的东西，他全学会了，喝酒、赌钱、找女人……

　　刚结婚那几年，因为年龄小，没有什么社会经验，所以什么都听他的，日子长了，他就养成了唯我独尊的习惯。随着生活阅历的增加，我不可能再像原来那样不管他说得对不对都听他的，所以争执也就多了起来。

　　他并不是真的不在乎我，不在乎这个家，他只是觉得反正你跟我过了这么多年了，孩子这么大了，我怎么对你，你也不会有别的想法了，所以他认为我就应该给他好好地守着这个家，而他自己却可以为所欲为。

　　他想回家就回，不想回家就不回；他不舒服了，你必须细心照料，而你生病了，他却视而不见；他想发泄了，你就得听从他的摆布，他只在乎自己的欲望是否得到了满足，而不想他的粗暴对你的身心是一种怎样的摧残……

　　有时我也觉得我们的关系挺怪的，朋友们也常说，我是那种让男人一见就有怜惜之心的女人，可是偏在他那儿得不到疼惜，而他和别的女人在一起，我发现他也会照顾人家，却偏偏就对我不好。我不知道这是天性使然，还是多年共同生活形成的一种习惯，反正只要我们两个还在一起生活，要改变这种状况，几乎是不可能的。

那么，我该怎么办？

作为一个女人，当你所有的付出，所有的忍让，都变成了对自己的伤害，你不得不去想这种婚姻的延续到底还有没有意义？这个人的存在对你到底还有没有意义？

"白鸥问我泊孤舟，是身留是心留，心若留时，何事锁眉头？" 徘徊复徘徊时，也许只有彻底的绝望才能唤起心底彻底的勇气。

的确是这样。去年的一天，我和他一起出去办事，因为想法不一样，他当着很多人的面骂了我，当时我是哭着回家的，即使这样，我心里还在想着，只要他给我一个解释，我还是会原谅他的，可是整整一个星期没有一个电话，连个人影都没看到，他对我的这种漠视，这种满不在乎，让我的心慢慢地寒透了……

也许正是我的忍让使他更无所顾忌，我和他回老家时，竟然在他母亲那儿看到了一个几个月大的男婴，他说是他抱养的儿子，还逼着我认下这个来历不明的儿子，我不同意，他就以离婚相威胁……

那时，几乎所有的朋友都为我们惋惜，劝他珍惜我们这个家，可是他谁的话也听不进去，没有任何想回头的迹象……

其实走到这一步，我已经看出这个婚姻已经到了无法挽回的地步，可是还是像当初一样，一想到女儿，我离婚的决心就开始动摇，我觉得这对孩子来说，是一个太大的伤害，担心她还小，无法接受这样的现实。可是出乎我意料的是，在这个问题上让我彻底警醒，并支持我走出来的竟然是我的女儿。

有一件事给我的印象很深。去年我女儿刚上初中，记得那是一个冬天的晚上，我去接学二胡的女儿回家。快到家时，我们站在楼下，不约而同地抬头望着六楼那扇属于我们家的窗户，我知道此时女儿和我一样期盼着有一片温暖的灯光从窗子里透出来，可是没有。这时一向热情活泼的女儿，忽然有些伤感地说，真希望这会儿家里有个爸爸正在忙着做饭，然后坐在热气腾腾的饭桌前等着我们回来，可是这个爸爸不是我爸爸……女儿的话让我很难过，我在想这些年我并没让她感受到属于家的那些幸福温暖的实际内容，而且，如果我一味地消极妥协下去，很可能影响她的人生态度，影响她将来对生活的选择……

我开始和女儿平等地讨论这件事，我发现其实她特别能理解我，她从小喜欢看书，有独立思考能力，很多见解超出了我的想象，她明确地支持我离婚，还说，一个人如果没勇气结束现在的痛苦生活，就永远没有希望开始新生活。

情人节那天，我想到自己的感情生活如此失败，很伤感，为了避免受节日气氛的刺激，我躲在家里，没有去上班，而就在这天晚上女儿在放学回家的路上，用她的零花钱买回一枝玫瑰花送给了我，当时，我和女儿抱在一起哭了……哭过之后，忽然觉得生活好像也不像想象的那么糟。

现在我和女儿在一起，我们一起做我们喜欢做的事情，共同承担压力，彼此分享快乐。但是，从心里我并不想长久地这样过下去，我还是希望能给女儿一个完整的家，我觉得这对她不公平。

我期待着有一天会有一个好男人走进我和女儿的生活，我想让女儿亲眼看到这个世界上有幸福的婚姻，有恩爱的夫妻，有温馨甜蜜的家。不管曾经发生过什么，我依然相信生活。

我的悲欢情缘

　　这天上午9点，我乘163路车在青园小区下车，看到了正在等着接我的柳青儿，她带我进了路旁的居民小区，走进了一幢旧居民楼里。

　　她家在一楼，是个老式结构的一居室。外屋小厅的光线很差，里屋是卧室，一套样式过时的组合家具，一张铺着凉席的旧双人床，靠墙一双旧的木制沙发。这样一个简单的家，女主人把它收拾得极为整洁，几乎是纤尘不染。

　　柳青儿招呼我坐下，她打开落地扇，又给我倒了一杯白开水，把水杯放在了我座位旁的床边上。柳青儿今年35岁，人长得很恬静，身上的时装套裙，颜色和样式都很适合她，一头烫过的中长发自然地披在肩上。在这个简单的家里，她的神情是如此的安然，温柔、生动的笑容里透出几分单纯，与房间里暗淡的色泽形成了明显的对比。

　　也许用单纯来形容一个35岁的女人，并不是一个很恰当的词，但这的确是我当时的感觉。不单是她的笑容，她整个人也给我一种单纯的近乎透明的感觉。当然这种单纯，不同于简单，它是指一个人与生俱来的心地的纯净，也是指一个人在经历了复杂的历练之后抵达的那种境界。

做《人生采访》三年多以来，我最大的收获是，对这个世界上的万事万物——大自然，还有我们人类自身都怀有一种深深的敬畏之心。弗洛伊德说：每个人都比我们想象中的可怕。而我却觉得即使是那些看上去特别简单的人，只要你有机会走进他的内心，你会发现每个人都比我们想象中的要丰富得多。

同样，如果不是柳青儿约我，如果没有在她家里和她面谈的这个上午，我无论如何也不会想到，眼前的这个女人，曾经有过一段那么曲折迂回的感情经历。曾经，她深爱的男人绝情地离开了她，三年后，又在她温柔而坚定的等待下重新回来。而经历了这次分离之后，她和他都明白了彼此在对方生命中的意义。正像柳青儿说的，以后没有什么能把他们再次分开。

那时候好像不是很明白结婚的意义，只是想以后我也能每天生活在这样的家里了

我从小是在农村长大的，家离邯郸市不远。19岁那年，我来石家庄学习裁剪，刚来时住在我姨家。21岁那年，我姨家的表姐给我介绍对象，是她单位领导的儿子。表姐说，领导家里条件很好，只是他儿子智力方面有些障碍。他父亲当年曾在西藏工作，他在西藏长大，那边高原缺氧，医疗条件差，他小时候生病治疗不及时落下了毛病。

当时我心里很犹豫，不过那会儿年龄小，没经过什么事，怕让表姐失望，不知道该怎么拒绝。表姐见我没说不同意，就带我去了他家。

他父母虽然都是领导，但待人非常和气，特别是他母亲，一见我就很喜欢，拉着我的手说，以后你来了我们家，我们一定好好待你，要是有一天你想走，我们也不拦着，会把你当女儿一样嫁出去。那时候人们的住房条件普遍不好，可他家房子很宽敞，家里的摆设也很讲究。来石家庄的那几年，我要么住在姨家，寄人篱下，要么住在拥挤杂乱的单身宿舍，和眼前的环境有天壤之别。当时我好像也不太明白结婚的意义，只是想，我要是同意了，以后就能每天生活在这样的家里了。他家的儿子我也见了，外表长得不错，不说话时好像和正常人看不出有什么差别，而我只是一个没有城市户口的农村女孩，又能找什么样的人呢？

很快我就和他结婚了。婚后我和老人的关系一直很好，和他说不上好，也说不上不好。那人头脑特别简单，下班回家就是吃饭、睡觉、看电视，我们虽然睡在一张床上，但很少有交流。

日子一长，我感觉这样的生活太沉闷了，他家条件再好，我也不能总这样闲着，于是我就开了一家裁缝店。当时小店里外全是我一个人打理的。虽然名义上有个老公，可他连根钉子都没帮我钉过。有时自己累了、烦了，心里也特别委屈。有一次我妈从老家过来，临走时，她说，闺女，跟妈回家去吧，你这是过的什么日子啊。

那几年我也曾想过要离开他，但老人对我不错，又觉得他也挺无辜的，所以就凑合着过了下来。1997年的时候，我女儿出生了。人们都以为这下我会死心塌地地留下来了。可出乎所有人的预料，女儿出生的第三天，我开始和他分居。一个月后，孩子刚满月，我提出了离婚。

当时之所以下决心离开他，主要是两个原因，一是孩子生下来后，我妹妹来看我，她的一句话提醒了我。我妹妹说，姐，这么好的孩子，跟着一个那样的父亲，这孩子能长得好吗？妹妹的话说到了我的痛处，作为女人，我可以忽略自己的幸福，而作为母亲，我却不能不为孩子的未来着想。还有一个原因是，结婚后这几年，我前夫的精神状况越来越差，他父母在失望之余，把全部希望都寄托在了女儿女婿身上，对他基本上采取了一种放弃的态度。虽然他们对我很好，但他毕竟是我的丈夫，家里人这样对他，特别伤我的自尊。

我提出和孩子从家里搬出去，他爸妈看出来我决心已定，也没有特别阻拦，让我搬进了他家另外的一套房子里。我母亲从老家赶来帮我看孩子。

那些天，母亲每天对我念叨，不能总这样下去，得找个合适的，成个家，对孩子也好。其实我又何尝不想有个温暖的家，有个知冷知热的丈夫呢？我在石家庄认识人少，也没什么朋友，选择的范围很小，于是我去了一家比较正规的婚介所，想通过那个渠道找到一个可以终身依靠的人。交上资料以后，可能因为我年轻，人长得还可以，频频有人约见，但每次我都是很沮丧地回来，后来干脆不去了。

转眼到了 1998 年 4 月下旬，记得那天是个星期天。午觉醒来发觉屋里很静。妈妈带着女儿到楼下去玩了。这时一缕午后的斜阳照进屋里，窗外的白杨树叶哗哗作响。也就是在那一刻，我真正体会到了什么是寂寞和荒凉，眼泪不知不觉地流了下来。正在这时，我忽然有了一种强烈的预感。好像有什么人在不远的地方等着我似的。我立即下床，简单地洗漱了一下，下了楼，妈妈正抱着女儿在楼下玩儿。我和妈妈说，我去一下婚介所。

没想到，就是这一回头，注定了我和他今生的这场悲欢情缘

那天我骑车上了中山东路，随着人流向西走。到了地道口，我才发觉自己走过了要去的那道街。当时我就想，是不是今天真会遇上一个合适的？因为在婚介所不同的时间会有不同人出现。

到了婚介所，那天人不像往常星期天那么多，只有办公人员赵姐在整理着手头的会员档案，她很热情地拿出一沓男士资料让我看，我翻看一遍，还是很失望。赵姐说，你别灰心，我托朋友在这个范围之外，给你找。

这时外面下起了小雨，也没有再来什么人。想起来这里时那种强烈的感觉，想到妈妈还在家盼着我带回好消息，我不觉有些悲哀。就在我起身要走时，门开了，进来一位和我年龄相仿的年轻女子。她一进门就很注意地看了我一眼，当她得知我也是来征婚的，而且还没有结果时，显得很激动，她问了问我的情况，她说，一看见我就觉得我和她哥很合适。临走时给了我一个电话号码，再三叮嘱我第二天中午打过去。

那时候手机不像现在这样普及。第二天中午我在楼下电话亭拨了那个电话。电话通了，是一位老人接的，说她儿子在替同事值班，还没回来，让我下午五点钟再打这个电话。

到了下午又下起雨来，那时我住的地方正在修路，一下雨很难走。五点钟我踩着泥浆撑着伞又拨了那个电话。接电话的依然是他母亲。老人不好意思地说可能是下雨路上不好走，他还没有到家，让我过十分钟再打，我有些失望。也许是好事多磨吧，我这样劝自己。十分钟后我又拨过去，电话刚通，里面就传出了一个男人的声音，是个男中音，他说，听妹妹说了我的情况，现在一听声音觉得我一定很温柔、很善良，他想立刻见我。他的话音未落，我忽然有了一种以前从来没有过的感觉，好像被什么东西击中了似的。他家住桥西，离我这边很远，况且天还下着雨，我和他约定第二天下午六点在北国离城北门见。

第二天我到了约定地点，看见那儿站着一个穿一身深蓝衣服的男人，我断定他就是东。他中等个子，脸黝黑，那套衣服是某国有企业的制服，穿在他身上有点肥大，显得人很拘谨。不过，他说起话来还不是很乏味。我对他好像说不上喜欢，只是觉得似乎和以前同别人见面时的感觉不太一样。一个小时很快过去了，他请我吃饭，我婉言谢绝了，我说我妈还在家等我。他把我送了回来，一直送到我楼下。

第二天是五一，我们一起去了石门公园。他掏出工作证让我看，然后说了他离婚的原因……他每次上班一走就是好几天，所以找对象时不想找太漂亮的，怕出事，但想不到相貌平庸的老婆还是背叛了他……他说这些时，看上去很忧伤，虽然他怨恨前妻，但对于家庭的解体，依然不能释怀。

从那之后，东经常过来找我。上班前一大早先过来，下了班，也是直接到我这儿，有时也不说什么，就那么坐着，整个人既沉闷又落魄，除了那身工作服，也没什么衣服，裤脚扯了个大口子……渐渐地，我有些烦躁，他把我的生活规律全打乱了，使我忽略了女儿。这种感觉让我很难受。那天我们在家吃过午饭，他送我上班，我踟蹰了一路，到了单位门口我对他说，这段时间不要来找我了。这时他的脸明显抽搐一下，问我为什么，我说我想好好陪陪女儿。说完我快步进了单位大门。就在我要进到楼里时，不知为什么我又回了一下头，没想到，就是这一回头，注定了我和他今生的这场悲欢情缘。

整个下午，我脑子里不停地回闪着回头时看见东的脸上那痛苦、孤独的表情，像个被抛弃的孩子。我的心不停地抽动，忽然明白我已经在心疼他、牵挂他了。那天下午我想了很多，好容易熬到下班又让加班，我只加了半个班，没请假就跑了出来，在单位门口电话亭我拿起电话。接电话的是东，他的声音有点沙哑，他说一直在等我的电话，如果再过五分钟还不打过来，他就真的死心了……当时我的泪立刻流下来，我哭着说要马上见他。他让我就在那个地方等他。那天晚上天很凉，当东匆匆赶来，竖着衣领，表情忧郁地站在我面前时，我告诉自己，今生我要和他走下去了。

东离婚是净身出户，虽然过错在女方，但离婚是他提出来的，家产都给了对方。而那时我住的是前夫家的房子，有了东，我不能再住在那儿了。于是我们在外面租了房子。从那之后，我们认识的朋友、邻居，没有人知道我们是半路夫妻。

东的工作也有了变动，不用总是外出了。他一到休班时就想让我在家陪他。我那时是给私人打工，时间上不自由，于是和东商量后，我辞了工作，又开起了服装店。东休班时就到店里帮我打理生意，给顾客量尺寸、包缝都干得很好。开店的手续也是他办的，他说，有了我，这些事就不用你去跑了。

那些天我和东沉浸在幸福之中。我原来接触人少，特别单纯，认识他以后，思想比以前丰富了很多。而他的变化更明显，我给他做了两套西装，买了皮鞋，整个人马上显得精神了，有气质了。心态也和以前完全不同。原来给人感觉沉闷、冷漠，我们在一起后，他说话风趣幽默，对我温柔体贴。有一次他带我去买衣服，给我精心选了一套衣服和一双鞋子。回到家，他兴奋地对我妈说，好几个女人都在试这套衣服，就属青儿穿着好看。我累了，躺在床上休息，他给我新买的皮鞋打上鞋油，然后坐到床边，给我修指甲。这些细节，我一生都不会忘记。

东带我去了他家，他母亲是一个很挑剔的人，但对我很满意。我妈妈也了却了心愿，安心地回老家了，走时带走了我刚过周岁的女儿。

开店以后，白天我们都忙碌着，晚上东陪我把店关上，我们一起回家。我做饭，他打开电视看世界杯，我真正体会到有一个家真好。东特别喜欢吃我做的饭，他曾不止一次感叹，想不到离婚后还能找一个如此漂亮温柔的老婆。

而这时我们却忽视了一件事，那就是我们虽然住在一起，却没有领结婚证。东说，先攒钱买房子，有了房子，把你的户口迁过来，再领证也不迟。当时我天真地想，只要两个人好，那张纸也代表不了什么。正是这个无心犯的错，日后给我和东的感情带来了那么多的麻烦和伤害。

我像看着一个陌生人一样看着他，不敢相信，这是四年间对我呵护体贴宠爱的男人

我和东之间的第一次波折是由他前妻引起的。

那年八月的一天，他女儿六岁的生日，他把孩子接了过来。我们给孩子准备了生日蛋糕，我送给她一条裙子做礼物。孩子和我玩得很开心。到了傍晚，东把她送回姥姥家。回来后东告诉我，他遇见了他的前妻。他说她见到他一下子愣住了，脸上的表情很复杂。我幸福地望着自己深爱的这个男人，他的确已经和我们刚认识的时候判若两人了。

第二天东去了北京，晚上七点，听到有人敲门，我打开房门，一个女人拉着东的女儿站在门口，问东在不在家。我想她一定是东的前妻，便把她让进屋里，告诉她东不在家。东的前妻径直走进来，把家里的房间，包括厨房都看了一遍，她的脸色很不自然。从她说话的口气我听出来，她把我当成一个没有结过婚的女孩了，她的脸色变得更加不好看。这时她看到了东的摩托车钥匙，拿起来说，我骑摩托走，东回来让他去找我。我想阻拦，但又说不出话，眼睁睁地看着她把我们家的摩托车骑走了。

东回来后知道了刚才的事，第一次对我发了脾气。饭也不吃，立刻带着我去找她。在南二环一幢居民区前，我们刚一下出租车，他前妻就出现了。当着我的面，她就说我不该来，然后她拉着东的手说：我们去那边谈谈吧。东叮嘱我不要动。他们去了楼的另一边。当时我的思想比现在单纯得多，也不知道嫉妒，就像等朋友一样等着东。大约半个小时我听见了争吵声，然后东过来了，他拥着我说：青儿，我们走，摩托车在她妈妈那儿，我们去那里骑。

接下来一段时间她经常呼东，每次东都会给她回电话，我知道东优柔寡断的性格，他们毕竟一起生活了好几年，还有孩子。这天东又出去给她回电话，回来后，我忍着委屈说，要不你们复婚吧，她错过一次了，不可能再错了吧。东盯着我说：那是不可能的，没有人能把我们分开。从那以后东不再回她的电话。而她给东留了个纸条，说，青儿是个好女人，你要好好待她。慢慢地这个事情就过去了。

经过了这件事，我对东更加信任，认定他是个能够相伴一生的男人。生活中我们两个人特别亲密，晚上要不是一起回来，不管谁先到家，一看对方不在，就像丢了魂似的，好得容不下一点不好，却没想到后面还有一段那么长久的分离在等着我们。也许真像人们说的那样，夫妻不能太好，太好了老天会妒忌。

2000年城市改建，我们的服装店被拆了。那些天东去上班，我在家做家务、看书，晚上吃完饭我们牵着手出去散步，日子过得平静而幸福。但不能一直这样下去，东是工薪阶层，我们还要买房置家，孩子也到了上幼儿园的年龄，这些事不能不考虑。我回了趟老家，把孩子接回来送进幼儿园，然后出去找工作。很快我被一家星级饭店录取了，工资很高，只是上班时间长，我和东不能再像以前那样有太多时间在一起。晚上他带着女儿，无论我下班多晚都等着我。

在工作中，有时难免碰到一些无聊的客人，还有客人要送礼物给我，这些我都心无城府地告诉了东。不想东听后，非让我辞掉工作。而我却觉得没有必要，我能把握住自己，不会再让他受到以前那样的伤害。

在我的坚持下，他不再强迫我辞工作，但从那儿以后，他经常和朋友出去吃饭喝酒，晚上也不管孩子，把孩子放给房东。我们之间的距离明显拉大了，以往的恩爱缠绵好像再也找不到了。以前我下了晚班，在楼下看见家里窗帘透出的光，心里很温暖。而现在常常是我回到家，他还没回来。

2000年11月，东的母亲生病住院，医院没要求陪床，可他坚持晚上去医院陪母亲。有一天我下班后，东也回来了，几天没见，他对我依然不冷不热。我觉得很委屈，可无论我怎么和他吵，他都是一脸漠然，还说我像个泼妇。我流着泪说：是你把我变成了泼妇，你太残忍了，你对我是一种精神上的虐待。说完我出了家门，在黑漆漆的楼道里坐了很久。东没有下来找我。他不在乎我了。我这样想着，心里非常难受。

第二天他不上班，正好我也休息，早晨我准备出去买些肉，中午给他做他爱吃的红烧肉。那天天很冷，就在我打开外屋的橱柜拿口罩时，无意中带出了一张纸片，拾起一看，是一张超过千元的暖气费收据，地点是一个陌生的地方，交费人是东，我像遭了电击一样傻了……冷静了片刻，我拿着那张收据走进里屋，问东是怎么回事。东正在睡懒觉，他从床上跳下来夺我手中的东西，表情很惊慌。当时我的心情单用伤心两个字来形容是不够的。这几年家里的一切开销都是我出，东的工资他自己拿着，计划买房子时用。没想到我刚交了家里的暖气费，而他却为别人交了比我家多两倍的钱。

第二天，我按照收据上的地址找到那个地方，那是个高价商品房小区，在物业管理处，我查到那家房主人是个做生意的女老板。

晚上等孩子睡了，我告诉东我去了那个小区，希望东能给我一个解释，而他却很坦然地承认了他们的关系，离婚前他和那个女人就认识，而走到一起，是最近的事。我像看着一个陌生人一样看着他，真不敢相信这是四年间对我呵护体贴宠爱的男人，是我曾经很自信地认为永远都不会离开我的男人……可能是我的绝望和泪水让他不忍心了，他说他不忍心离开我和孩子，他不会走的。

无论以后的日子过得清贫与富有，不论遇到什么，我们都不会再分开

那段时间我非常脆弱，请了假在家待着，东除了上班也不再出去，暂时我们谁也不说那件事。快过年时宾馆通知我去上班，正好老家的侄女来了，把女儿带回去了。我暗自盼望着我们能够重温往日的激情和浪漫。

孩子走后的第二天，上班前，东告诉我，他单位发了年货，还和我商量过午要买的东西，一再叮嘱我路上慢点。我带着好心情走出家门，心想一切都过去了。可就在这天，下班回家，我依偎在东的怀里，东告诉我，他给孩子买了份终身保险。我听出他的声音好像不太正常，像是在交代什么事情，我惊慌地坐直身子望着他，为什么？你不是要离开我们吧。东说，是。

我跳下床，光着脚跑到外间打开衣橱。东把衣服都打理好了，那些衣服都是我亲手缝制的啊。我回到里屋，浑身颤抖说不出话来，东把我抱到床上大约一刻钟，我才缓过来，问他为什么不给我点时间。他低着头说，他没有勇气对我说，找不到离开我的理由。我哭着说：

那你就不要走，明天我不去上班了，我们还和以前一样。他说，已经晚。那个女人用三十多万元买了一套离他单位很近的房子，还办好了结婚证，让他过去和她一起过年。

一张结婚证真的能有这么大的作用吗？无论如何，我也不相信他们之间能有多深的感情，除了他妈住院这两个月，他平时都是下了班就回家，而且我能体会到他依然爱着我，但是爱情在物质面前显得太苍白无力了，除了爱情我一无所有，而东和她在一起，能过上有房有车的好日子。我不知道那个女人用了什么手段笼络住了他，但我了解东，他不忍伤害别人，而他也知道我性格温顺，不会让他为难，所以他才会做出这样的选择。

我边哭边说，你曾经那么呵护我，那么怕失去我，你说今生没有人能把我们分开……东也哭，却不说什么。到了凌晨五点，我疲惫地躺在床上，流着泪说：你走吧，我不拦你了……东握着我的手说：对不起，是我辜负了你。黑暗中我闭着眼睛，听着慢慢的关门声，听着他熟悉的脚步下楼，听着他骑车远去……

孩子走了，东也走了，家突然变得冷冷清清。小区里响着鞭炮声，飘着炖肉的香气，年味越来越浓了。我是如此地热爱生活，如此地热爱这个家，我一直把家打理得很好，而现在这个家没有了。

东走后我整夜失眠，几年来我们从没分开过，我习惯了有他在身边，习惯了他身上的味道，习惯了他的鼾声，可是这一切在我毫无准备的情况下突然消失了。他已经是我的全部，而现在他活生生地把这全部都带走了。

万念俱灰之下我去了寺庙。我跪在神像前，就在那一刻，冥冥之中我有一种感觉，东始终没有离开我，无论走多远，他都会回来。

虽然这样想，但一回到空空的家里，一想到此刻他正在别人家，和别的女人一起，我的心就有一种无法形容的疼。半夜我给好朋友打电话，我说我太难受了，你去给我把他找回来吧。第二天，我朋友一早把他叫了出来，说我病了，想见他。他回来了，很不高兴，问我，你想干什么？我说，我活不了了。他说，你死也不要死到那儿去。他说这句话时，看来是已经打算死心塌地地和那个女人过了。

春节过后我把工作辞掉，到保险公司做业务员，我把女儿接回来，告诉她爸爸出差了，以后不能每天看见爸爸了。五岁的女儿懂事地说，妈妈和小姨说话我都听见了，我和妈妈一起等爸爸回来。

大约过了两三个月，他开始回来，他说，他也想家想孩子。那边的房子很大，但那个女人经常不在家，她十多岁的女儿，性格很孤僻，从来不理他，不像我女儿和他就像亲生父女一样。看着我一天天地憔悴下去，他很心疼，他说想不到他对我如此重要，说后悔自己办了一件蠢事。我说，那你就回来吧。他说他会回来的，但现在不行，他和她还有一些经济上的问题要解决。

时间一天天过去，春节又快到了，年前他答应我过了年就回来。初六我们一起吃的饭。十五那天，他给我发短信说"明天我去看你"，而不是"明天我回家"。那天晚上，我特别想他，就骑车去了那边。到了那儿，看见他家的厨房亮着灯，他一个人在里面，不知是给自己弄饭，还是给那母女俩做饭。当时我站在窗外，边看边流泪，差点瘫在地上。周围的鞭炮声此起彼伏，我走了，可没走出多远，又回来，就那么看着他，直到他熄了灯，出去……

新的一年又开始了，他会不会回来我并不知道。我一人带着女儿，没有稳定的工作，日子过得很辛苦，最难的时候，我在小区卖过包子，大冬天，早晨五点就出去买菜……

如果换了别的女人，生活上的困境也把她压垮了，更别说心理上的压力。毕竟他和那个女人已经结婚了，而我有的只是一份感情和一个口头上的承诺。我也想过，如果对方是他前妻或者是一个像我一样爱他的女人，我会在他生活中彻底消失，但情况不是这样，他生活得并不幸福。有时他喝醉了酒，走在马路上给我打电话，他说，以后咱们有了房子，我晚上在家陪孩子，你去外面玩，怎么玩都行。他还说，他在那边一直是睡沙发，要不就回他妈家住。他说，我要为你保持身体上的干净。我觉得他就像一个迷了路的孩子，总有一天要回家，如果我走了，我怕从此他将孤单一生。

有时一个人就是一个世界，失去这个人也就是失去了世界。我什么都没有了，反倒什么都不害怕了，无论怎样，我要看到最后的结果。

也许冥冥之中一切都有定数，就在今年四月底，他们终于走到了边缘。他回家了。那天，他问我，你高兴吗？他不知道，其实我更多的是心疼。他身上穿的还是离家时的衣服，还是三年前的那双皮鞋，已经旧得不成样子。仿佛一切又回到了从前。而那一天正好是七年前我们相识的日子。

现在每当我们说起这三年的经历，说到伤心处，我总在想，幸亏他回来了。而他说，别提这些了，太悲惨了……

今年东的单位集资建房，我们已经交上了首付款，拿到了新房钥匙，一个月后将搬入新居。女儿也已经是小学生了，六一儿童节演出得了一等奖，东比我还高兴。

经历了这次分离，我们重新走到一起，我和东都成熟了很多。我们相信，无论以后的日子清贫或者富有，无论遇到什么，我们都不会再分开。

那天听完柳青儿的故事，我想到了前两天刚看过的美国电影《当哈

168

利遇到莎莉》，这部电影在故事情节中，穿插了七对老夫妇的谈话，他们或者和初恋一生相守，或者历经磨难重新回到爱人的身边。"我们四十年前结婚，三年后离婚……数年后我在艾迪柯拉西的葬礼遇见她。我只管盯着她看……一个月后，我们结婚。距离首次结婚三十五年后……"其中的一对老人讲着这样的感情经历，然后相互对视，他们听从了心灵的召唤，他们为此而庆幸。

　　——原来慢慢变老并不是一件简单的事，而是一个漫长的过程，两个人要一起经历很多事情，要能走过去，才是一生一世……

放弃你不是我的错

　　初夏的这个上午，我和张帅坐在石门公园的长椅上聊天。风轻云淡，碧草蓝天，我用每一寸肌肤、每一次呼吸体味着夏日的明快和清朗。同样给我这种感觉的还有我和张帅的交谈。一样的复杂人生，一样的充满了变数的爱情，此时在两个女人的话下却是那般自然洒脱，收放自如。

　　素面朝天的张帅有些单薄，说不上漂亮，但属于那种耐看耐品的女人。我们聊的是她婚前的感情经历。和所有的爱情故事一样，其中有甜蜜和欣悦，也不乏遗憾和疼痛。应该说这不是一个轻松的话题，然而却没有我见惯了的寻死觅活，长吁短叹，自始至终她的眼角都挂着一种笑意，俏皮中带着几分聪慧。这样透彻的笑容和她的历练有关，也和她现在的生活境况有关，正像她所说的那样："幸福的婚姻会让女人越活越单纯。"

事后，回忆我和张帅的交谈，我发觉当时我们谈到最多的一个词是"放弃"，而不是我以前在采访中经常提到的——坚持。在那个上午，当我重新思考它们的含义时，我好像对它们有了新的理解。我想，有时当我们拼命去坚持什么时，往往标志着事情已到了山穷水尽的绝境，而这时选择放弃，在某种意义上，也可能意味着另辟蹊径，柳暗花明。

几天前听一个当红小歌手这样唱着："爱情有时是恶作剧，我要自己带着孤单抗体学会忘记。"是的，学会忘记，学会放弃，这和懂得珍惜同样重要。人生充满偶然，也充满选择，好与坏，快意与悲伤也许就在你的一念之间。

时过境迁，到现在我都搞不明白，第一次谈恋爱我究竟碰上了一个什么样的男人……

第一次谈恋爱时，我刚出校门。才参加工作不久，就有人给我介绍男朋友。他比我大四岁，长得非常英俊，看起来也很聪明。记得第一次约会是在一个冬天的晚上。我是个很保守的女孩，有些犹豫，同宿舍的大姐说，没关系，他如果是想正经恋爱不会有事的。于是我就和他走进了夜色中。

那天晚上，我们说着上学时的一些事情，气氛很融洽。昏黄的灯光照着路上不多的行人，外边不像平时那么冷，偷偷看看旁边的他，连侧影看上去都很帅气。我心想：这就是恋爱呀？感觉不错啊。

就在这时，他突然抓住我的手说："看车，别碰着。"我转头一看，那车离我还有一段距离，倒是他的虚张声势把我吓了一大跳。我甩掉他的手，和他离得更远了。心想，真是的，分明是想占我的便宜嘛。

很快我们就分手了。分手的原因除了他那晚的轻率，另一个原因是在身高上他没有对我说实话。其实现在看这也不是什么大不了的事，可那时因为年轻单纯，眼里容不得沙子，所以事情就显得严重了。

我的父母算是比较开明的人，妈妈对我未来男朋友的唯一要求是，不能低于一米七。关于这个问题我问过他两次，他都毫不犹豫地告诉我，他身高一米七二。当时的我很傻，目测不出来，于是似信非信中，我穿着高跟鞋在自己的宿舍门上比了一道杠儿。我的意思是不一定非得像老妈要求的那样，只要他和我穿高跟鞋时的高度差不多，日后跟他出去别影响了市容就行，就算是一米六九也通过了，可结果那天他恰恰是站在那道杠儿的下面和我说了几句话，唉。

如果这能算恋爱的话，仅仅维持了一周时间。可结果，还闹出了个笑话，他居然跑到我的领导那儿告状："管管你单位的张帅，她不和我好了。"我的领导告诉他：你们什么时候开始的我也不知情啊，现在就更不会管了。

时过境迁，到现在我都搞不明白，第一次谈恋爱我究竟碰上了一个什么样的男人……

我的第二任男友也吹了，可我从不遗憾没把真实的生日告诉他

在单位我是少有的既是单身又有学历的女孩，长得也还算可以，所以很受热心人的青睐。于是经人介绍我又认识了一个人。他比我大两岁，是个退伍兵。身高足有一米八，超过了妈妈的标准，相貌也算英俊，而且家庭条件很好，父亲是某局的局长。第一次见面是我同学陪我去的。除了觉得他人似乎有点蔫，别的倒没有不满意的地方。

那天上午，介绍人给我打来电话，说他要来单位找我，还说他这人什么都好，就是不太爱说话，另外还有些信命，不过那是以前的事了，让我不要介意。上午十点多钟，他果然来了，一直等到我下午下班，我俩一起骑车回家。

春天是个美丽的季节，夕阳的余晖洒在我们的脸上。那天我们都很高兴，不爱说话的他说了好多话，从儿时趣事讲到当兵的酸甜苦辣。平时二十多分钟的路，我俩走了有四十多分钟。终于到了该分手的时候，他突然问我："你是哪天的生日，能告诉我吗？"我心里咯噔一下，当时也不知哪儿来的灵光一闪，我顺口把我同学的生日给报了出来。

回家后，我一相情愿地想着：也许如今的他已经变了，也许他会因为喜欢我而不再信命，也许这个春天会给我一个好姻缘……我当然不会为了对方良好的家庭背景而出卖自己的爱情，但是在两情相悦的基础上，如果他各方面的条件都很好的话，我会更开心的。忐忑地度过了三天，第四天我终于接到了他的电话："对不起，我们分手吧。"我在震惊中回过神来，问他："你去算命了？"电话那边沉默了一下，他挺诚实地告诉我，他找算命先生算了一下，人家说我俩命相不合……

就这样，我的第二任男友也吹了，可我从不遗憾没把真实的生日告诉他。

世事无常，真能未卜先知吗？

他那张阳光般灿烂的面孔给我留下了很深的印象，后面的许多事情就从那儿开始了

现在人们越来越多地提到一个缘字，这里面的确有一些说不清道不明的东西。缘来的时候，想躲也躲不过，缘去的时候，想留也留不住。

几番曲折之后，我竟然在不经意间开始了真正的恋爱，认识了我真正的初恋男友。

　　我和他是在同事家认识的。星期天，我和几个人约好去为同事的女儿过生日。那天我出门有点晚了，急急地赶过去，一进门差点撞到一个端着盘子的人。我一抬头看到一双漆黑如墨的眼睛正似笑非笑地盯着我。那是一张很年轻的面孔，笑容充满活力。事情过去很久，我都没想明白，那天我到底是因为差点儿撞了人家不好意思，还是被他那生动的表情所吸引，当时就那么近距离地对着一张俊脸大眼瞪小眼地看了半天，肯定像个没见过世面的花痴。不管怎么说，那张阳光般灿烂的面孔给我留下了很深的印象，后面的许多事情就从那儿开始了。

　　他是我同事的表弟，刚从部队退伍，在一个司法所做临时工，和我同岁。很快在我那个同事的撮合下我和他确定了恋爱关系。那年我24岁。

　　和他在一起的那段日子是我24年来最轻松、最快乐的日子。

　　从小我家家教极严，我生活的全部内容就是学习。身边的同龄人也多是每天抱着书本的乖孩子。可他就不一样了，上学时虽然成绩不错，可在班上是最出名的淘气鬼。他能说会道，人特别机灵，玩起来花样更是层出不穷。那些天每天下班后我俩就跑出去，去夜市吃小吃、看玩意儿，和他的战友聚会，唱歌，更多的时候是骑着摩托车到郊外兜风。

　　记得有一次，我们坐在田埂上，看着他笑逐颜开的样子，我忽然感到有些迷惘，我问他，你为什么总是这么快乐？没遇见你之前，我从来不知道生活还可以是这样的。听了我的话，他突然变得沉默了。他告诉说，恋爱是幸福的，但真正的生活也许不会这么轻松。他说，他的家境不宽裕，父亲身体不好，弟弟也到了用钱的年龄，而他的工作还没着落，这些都是实际问题。过了一会儿，他又说："你是个好女孩，是长在温室中的花，我必须要很努力，才能让你过上舒心的日子，给你一个适宜的生活环境。"当时说这些话时，他紧紧握住我的手，目光极为真诚。我被深深地打动了，我的手感受着他发自内心的温暖和力量。我郑重地点点头，我相信即使以后我们的人生路上有风有雨，只要有他，我就会快乐。那天我们约定一起面对生活，共同创造我们的未来。

就那么一个夜晚，就那么一次，就改变了我们两个人的命运

接下来的日子我们像所有的恋人一样有过误会与矛盾，但更多的是欢笑与甜蜜。

为了我们的未来，他借钱买了辆大发。下班后跑出租赚外快，我们见面的次数明显少了。

记得那年五一他在单位值班，把我拉了过去。那天晚上，我们去唱歌，同行的还有他的一个远房表妹。无意间我多看了那个女孩一眼，高高的个儿，长长的头发，穿了条牛仔裙，身材很好。可她那天情绪好像不太好，也没怎么和我说话。

再后来，他来得更少了。记得有一天大清早他就跑来找我，说是到市里来办事，顺路看看我。因为太早，我的宿舍非常乱，桌子上堆满了零食、书报，他一边麻利地帮我收拾，一边说："你看，乱得像个啥，结婚以后你要是还这样，小心我休了你。"我冲他做个鬼脸："以后干吗，现在不更省事，我又没说非你不嫁？"他突然愣了一下，仿佛想起什么，说："我得走了。"我问他为什么，他只说："就是想你了，看你一眼就行了。"说完就急急忙忙地走了，留给我一丝温馨与

甜蜜，也留下了更多的不解与不安。

　　接下来的事，你也许已经猜到了。那是两个月后的一天黄昏，见面后他突然说："如果我们分手，你……你会有什么想法？"我很吃惊，不过也多没说什么，只是看了他一会儿，说了一句："如果没有爱了，分就分吧！"他也看了我一会儿，脸上挂着一丝苦笑。那时我们已相恋一周年了。

　　当时我唯一的感觉就是心痛。我也曾想过一千个、一万个理由，却无法说服自己我们已不再相爱。我突然觉得浑身好冷、好累。好像阳光被他带走了，留给我的只有无边的寒冷与漫漫的黑夜。我检讨过无数遍，也不知道自己做错了什么，假如换成现在，我也许会问"为什么？"但当时的我却不会这样问。我的爱情王国里充满阳光与自由，自己再痛苦，也不会让我爱的人有一点点勉强和为难。

　　我以为从此我们再也不会见面了，然而事情至此还远没有结束，接下来的是一次次的反复，痛苦不堪而又纠缠不清。终于在他的闪烁其词间，我知道了分手的真正原因。那是在一次酒后，他的远房表妹把他送回了宿舍，并且"照顾"了他一夜。再后来，她说有了他的孩子……事后他很懊悔，极力地想去弥补，可是已经无济于事。就在我们那次谈过分手之后，他又来找过我，想得到我的原谅，他母亲也流着泪求我，因为那时我们已经订婚了，他母亲求我再给他一次机会。我毕竟也很留恋我们之间的感情，于是我答应给他一个月的时间，让他做个了断。

　　时间一天天过去了，事情没有太大的转机，他和那个女孩之间依然纠缠不清，他为此把车卖掉了，可那女孩说她不要钱，只要人……一个月的期限很快就要到了，那段日子我过得天昏地暗。

　　我还记得那个阴雨连绵的下午，我默默地站在窗前，雨滴打在遮阳篷上发出"嘭嘭"的响声，我在想，我该怎么办？继续给他时间吗？即使他能从那女孩那儿脱出身来，我们还能像从前那样心无芥蒂地相爱吗？而等待下去的结果又会是什么呢？我设想着，如果他选择了对那个女孩负责，我只有离开；而如果他不能对那女孩负责，我也只有离开。那么我到底是该被动地等待结局，还是主动去做出自己的选择呢？犹豫不决之间，我忽然想到了这样一句话："委曲求全未必全。"我至今还清楚地记得，当我想到这句话时，我的心像突然打开了一扇窗，阳光从裂开的云缝间照射了进来。是啊，即使我委曲求全，我也未必能得到他，即使我得到了他，我也未必就能得到幸福。就是在那一刻，我决定了和他彻底分手。

总之就那么一个夜晚，就那么一次，就改变了我们两个人的命运！

人生是一个必然的过程，却由无数的偶然组成，每一次偶然都有可能让你的一生从此不同。情路漫漫，每个走上它的人，都可能会遇到各种预想不到的局面，而这时要有足够的心理准备，知道如何去面对。

张帅说，她从没后悔过当初的选择，正因为有了那时的放弃，她才有机会遇到了现在的爱人。她说，勉强也许会令人暂时得到一些你想要的东西，但它却不能让你安心地享受。放弃本身也许是痛苦的，但它却能给人带来新的机遇。现在的她过得非常幸福，有时她甚至会想，幸福如果会溢出来，它一定是甜的吧！

爱到无路可退时

　　一年一度的情人节，形式上几乎没什么两样，只是今年的情人节，除了玫瑰花和巧克力之外，影片《情人结》的上映，也成了它的一部分。《情人结》是根据北京青年报记者安顿《口述实录》栏目中一篇名叫《爱恨情仇》的采访文章改编的。那篇文章我很喜欢，但改编后的电影，我至今没有看，因为对影片一向挑剔，害怕看完后会失望。但在网上，我还是忍不住去看了关于《情人结》的一些评论。

　　"他们守着那一份从未落笔的承诺，守着彼此心中那份圣洁的情感，靠着对爱的坚定信念，从容而淡定地走过了彼此的青春岁月，看起来他们的爱情是不幸的，可实际上，他们是多么的幸运，这人世上，又有几个人，能如此珍惜爱情这两个字呢？但他们做到了，当最后那一刻两人站在镜头前，拍下婚纱照时，所有的等待都变得弥足珍贵。"

　　"《情人结》，正是给了我们这样一份喧嚣中的平静，没有警示、没有批判，所有的，只是呈现出一份守候、一种幸福。看这部电影，也是在看自己，然后发现，原来，真爱还在。不管相爱的两个人最终是否在一起，那一季漫长的等待，那份坚持，那份守候，其实，已经是一种最实在的幸福。"

……

其实无论是《爱恨情仇》还是影片《情人结》，这个故事之所以让人为之心动，就在于故事里的主人公对爱情的坚信与坚守。爱上一个人，无论发生了什么，两个人都一样为爱而坚持，直到天长地久，在我们的内心深处，相信这是很多人曾经的期待。然而，生活的残酷就在于它会用时间告诉你，梦想里的情景往往可望而不可即。于是我们才到电影里，才到别人的故事里去寻找自己的失落，在想象中去获得某种满足。

那天晓容是快到中午时，才匆匆来报社找到我的。采访过程中，她的脸上几乎一直带着微笑，她笑着的时候微微低下头去，长睫毛覆盖着一双弯弯的眼睛，但当她抬起头来，我看到了她眼中的泪光，看得出她在强忍着，努力不让眼泪流出来。

现在我好后悔当时没有对家人坦白，以至于到了现在这种没法收拾的地步

我今年23岁。2001年的时候，经人介绍，我和邻村的一个男孩订了婚。我说不上是愿意还是不愿意，只是不想这么平平淡淡地把自己嫁了，可是那个男孩是我姨给介绍的，我一说不同意，家里人就说没法和我姨交代。一次次，时间就这么过去了。去年他家人来到我家，对我父母说想让我们今年9月结婚。如果我没有出来的话，现在我应该是已经结婚了。可是命运往往就是这样，在我将要认命的时候，他出现了。

在家时我和我父亲一起做生意。不时比较忙，偶尔闲着没事，心里闷了，我就用手机上会儿网，和陌生人聊上几句。这天，我进了一个聊天室，在里面认识了他。我们聊天很愉快，他说他姓陈，是石家庄的，出租车司机。刚开始的时候我叫他小陈哥哥，因为他说他比我大九岁。他问我什么时候到石家庄来，他请我吃肯德基。因为我们聊天时是在 2 月份，我说五一吧，我可能有时间。当时只是想交个朋友，没有特别在意。后来我换了手机号码，我们再也没有联系过，五一的约定也就不了了之了。

5 月底，我妈生病，我陪我妈来石家庄住院。那十几天里，我因为认床，每晚都睡不好。住院期间，我妈还转过一次院，转院的那天晚上，我把妈妈安顿好，然后从病房出来，在医院的走廊里走了走，这时忽然想到了他，于是打了他的手机，接通后，我问他知道我是谁吗？他马上就说："知道。你是晓容！"我真的没想到，我换了手机号码，而且我们有两个月没有联系过，他却能一下子听出我的声音。我说我在石家庄呢。他说，明天我过去找你。于是第二天，我们见面了，他开车带我去吃饭，因为我还要照顾妈妈，所以只待了一会儿我就回医院了。到了晚上，他打来电话，我想起了那次约定，开玩笑说他答应过要请我吃肯德基的，却没有做到。没想到我说了以后，当天晚上他就开车去买了，然后给我送到了医院，让我很感动。我问他结婚了吗？他说没有，因为喜欢他的人他不喜欢，他喜欢的人不喜欢他，我对他讲了我的家人和我并不盼望的婚姻。我很信任他，但我却不愿意我的家人知道他的存在，当他说要去病房看望我妈时，我没同意，我知道我的家人是不希望我和我男朋友以外的男人认识的，我不想失去他。

后来我父亲来电话，家里生意上的事需要我去处理。我给他打电话告诉他我要走了，他说开车送我去车站，没想到这一送却把我送到了家。这次，我在家待了二十三天，这二十三天里，我们每晚通电话都到很晚，我发现我爱上他了，这边是他，那边是我的男朋友，我不知道该怎么办。我妈做了手术刚刚出院，我不敢对他们提起他。现在我好后悔当时没有对家人坦白，以至于到了现在这种没法收拾的地步。

和他在一起的日子特别开心，我不想再去考虑其他的问题，只想永远和他厮守下去

去年 6 月 19 日那天，他开车去看我，我不敢带他回家，在县城给他安排了旅馆。一起吃饭时，我拿着手机不停地拍他，以前我从没那么开心过。晚上我不得不回家了，晚饭后他打电话来说想我，那晚我也好大胆，竟然偷偷地从家里跑出去见他，我们开着车在路上转，后来把车靠在路边，他对我说："容，跟我走吧！"那一刻，我真想把一切都抛开，就那样和他在一起。可是我不能，那时候妈妈做完手术刚刚二十天。我们一直在车里坐到了凌晨四点多，天快亮了，他不得不回石家庄，而我也要回家，当我回到家，我发现家里人根本就不知道我出去了一整晚。

就在他走后的那天下午，我和姐姐吵了一架，其实那件事完全是我的错，可是我却不肯承认。也就是那天，我犯下了一个不可饶恕的错误，我离家出走了，来到了石家庄，没有给家里任何消息。那次我在石家庄住了九天，和他在一起的日子特别开心，我不想再去考虑其他问题，只想永远和他这样厮守下去。这中间，我父母查了我的电话记录，找到了他，问他我在不在，我不许他告诉他们我在这儿。他劝我回家，我说，我不敢回去，不知道该怎么去面对家里的人。

后来，家里一次次找他，最后我还是回家了。我父母接受不了他，也接受不了我离家出走这件事。爸爸一向最疼我，可那次他狠狠地打了我，拿走了我的手机、身份证和储蓄卡，不许我打电话，不许我离开家一步。那段日子我不知道是怎么过的，被爸爸打得背上和腿上都是伤，在床上趴了好几天。爸爸对我说如果我敢再找他的话，他就找人去打折他的腿，我知道爸爸不是说空话。我忽然觉得我一切都没有了，我答应了爸爸不再找他。那天晚上正好姐姐没和我一起睡，夜里，我吃下了二十多片安眠药，给爸爸留下了一封信，我要用我的生命让他们相信我的爱情，让他们后悔。

第二天早晨，我被家里人发现了。我爸爸的态度依然很坚决，说不管怎样他都不会同意我和他在一起的。我只好再一次选择了离开，身无分文来到了石家庄。

这次我和陈住在了一起，这时我才发现原来他在很多事情上骗了我。他结过婚，又离了，并且有一个女儿，归他前妻抚养。这还不是最主要的，让我难受的是，我心甘情愿为他付出了这么多，在一起以后却发现慢慢地在失去他，我觉得我的爱真的好盲目，我不知该怎么办了。

有句话说得没有错，为自己爱的人受些苦又何妨，只是你要知道他到底爱不爱你，认真地想一想再做回答

我真不知道该怎么往下讲我的故事了，我根本理不出头绪来，现在回想起我们认识的时候的情景，感觉很不真实。我挺笨的，是吧？

我以前从没想过自己有朝一日会陷入这种局面，在遇到他的时候我坚定不移，为了能和他在一起，我放弃一切都无所谓，做什么我都觉得值得，就算是和父母闹翻，甚至以死来威胁他们，我是真的想和他在一起，虽然他瞒了我那么多的事，他的年龄我接受了，他离过婚，我接受了，他有孩子，我接受了，他没有钱没有房子，我不在乎，这些都可以！离婚的时候他两手空空从家里出来（他一直是住在他前妻家里的），这些我都接受了，可当我想和他结婚时，他却好像一直在逃避什么。春节前他说，过了年就办，可过了年，他再也不提这件事。我暗示他，他假装没感觉。我问他，到底有什么顾虑，他含糊其辞，好像是担心我太年轻，和他在一起是一时冲动，以后肯定会后悔。我现在的工作是在酒店里推销白酒，他说，不该让我做这个工作，每天接触的都是有钱人，思想会变得复杂……这样的理由让我无法接受。我爱他爱得太傻，而他又太现实。现在我终于知道了，在现实生活中，不是我拿出一颗真心就够的。

这些天我每天强作笑颜，我可以忍受工作中的不愉快，我可以不买新衣服，不买化妆品，他说我坐他的车耽误他拉活，我早上倒三次公交车去公司开会，每次在车上颠簸的时候心里还在想：我在为我们的家奔忙着呢！每次到了月底，都想着提醒他该给孩子送抚养费了，我知道他爱他的女儿。他爱玩牌，也可以，我说，你去吧，我理解。

有一天晚上九点多了，我们正在看电视，他的手机响了，是他前妻，说女儿病了，要他开车过去。那晚他一点多才回家，我给他打电话他也不接，看他那么急匆匆地赶过去，我忽然发现我根本没办法控制自己，我发现我们之间的距离好大，我没有勇气坚持下去了，这时，我忽然想，也许我真的错了吧，从一开始就错了。

半年多了，我以为我能接受他的一切，我以为我可以包容他的一切，可是我发现有时我真的做不到。她可以一个电话把他叫过去，而我却不能说任何反对的话，我不想要这样的生活，他给我的压力太大，我有些承受不住了。

心里太委屈的时候，我只好偷偷地哭一场。我家里人知道我现在和他在一起，但不知道他结过婚，有孩子，如果知道了，还是不会答应。每次给家里打电话，我都说他对我很好。可我的内心却很迷惘，这是怕父母担心，才笑着说谎，也可能是用情太深，早已看不清事情的真相了。现在想想，当你把一切做到他希望的那样，他说过的那些话又真的实现过几次？有句话说得没错，为自己爱的人受些苦又何妨，只是你要知道他到底爱不爱你，认真地想一想再做回答。一个好男人是不会让心爱的女人受一点点伤的，同样，一个好男人，也不会让爱他的女人心里越来越慌乱，在孤单中，看不到幸福的方向。

那天的采访，给我印象最深的，除了晓容脸上那有些凄美的微笑，还有她不时问我的那句："我该怎么办呢？"这让我心里很不好受。这份感情是她想要的，她为此付出了很多，但她又了解他多少呢？在不知道他是不是能够有所担当，能不能和她共度一生的时候，就把自己弄到了几乎无路可退的地步。

我对晓容说，我觉得你们的关系不够成熟和坦诚，你们应该好好谈谈，你把你的这些想法说出来，如果他真有什么苦衷，也让他说出来，然后你们再决定要不要走下去。另外你自己也冷静地想想，如果觉得这份爱带给你的不是幸福，而是痛苦，那么尽快离开，不要再给它伤害你的机会。我说："人在无路可退时，一般有两种选择，一是坚持到最后，二是转身而去，而我想知道的是：你还爱他吗？"晓容稍稍迟疑了一下，然后语气肯定地说："爱！"

2005 年 3 月 25 日，也就是我采访晓容的二十天之后，上网时，我在 QQ 里遇到了晓容，她给我发了这样一句话："爱情真的不是我想象的那样，我和他分开了，我自己租房子住。"我问她："他还是不相信你的爱吗？还是他根本不想对这份感情负责呢？"过了大约有一两分钟，晓容的头像变成了黑白色，她没和我打招呼，黯然下线了。

网住一个你，网住一个我

  平时上网我一般是看看邮箱，偶尔也去一下聊天室，看看这么多人都在起劲地说什么。记得小时候我曾听过一句让我百思不得其解而又特别神往的一句话："陆地上有什么，大海里就有什么。"而现在却是生活中有什么，网络中就有什么，甚至生活中没有的，网络中也有。

  今年情人节期间，我那篇《戒情人》发表之后，收到了很多来信，其中署名"轻盈"的读者在给我的E-mail中写道："我不太欣赏《戒情人》里的那个女人，她活在自己幻想的世界里，不能现实地去想那个男人是不是真的爱她，这样只会自己伤害自己。我有一段比她更深刻的恋情，其中有无尽的快乐和甜蜜，也有难言的痛苦，我和现在的老公是在网上认识并相爱的。我觉得不管是生活中还是网络中，只有两情相悦才是真的恋情，像她那样只能算是单相思，执迷不悟……"

  从信的字里行间可以看出，这是个在感情上很自信的女人。但是，我毕竟对她的经历不了解，再加上对网恋本身有疑虑，所以我只是简短地回复她："的确，爱情是两情相悦，只要相互爱慕，而且彼此真诚，不管是现实中的爱情还是网恋，都应该是美好的。"

从那之后，通过 E-mail 和 QQ 聊天，渐渐地我对她的经历有了些了解。轻盈，北京人，33 岁，有过十年婚史和一个 9 岁的女儿，她在网上爱上了一个广东男人，网名碧云天，29 岁。从网上认识到现在，他们在一起已经两年了。

原本天南地北毫不相干的两个人，是怎样的缘分让他们相遇？从虚幻的网络到现实生活，这其中究竟发生了什么样的故事，有着一个怎样不可思议的过程？是什么让她放弃了婚姻，离开了孩子？他们能走多远，会有将来吗？……所有一切的答案，或许只有他们两个人知道。

3 月底时，轻盈告诉我，这些天他去广东办理下岗手续了，等事情处理完，马上就来北京。她还说，她已经将老公要来的消息通知了所有的网友。

3 月 29 日，北京。下午三点，我来到了和轻盈约好的见面地点——大北窑汽车站。正当我站在路边，举着相机，想随意拍几张街景的时候，一对三十岁左右的男女出现在我的镜头中。他们手拉着手向这边走来，女人身材小巧，穿着及膝的大红毛线裙，外罩一件黑风衣，男人个头也不高，一张微黑的典型的南方人面孔，就在我对着他们按下了相机快门的一瞬间，我断定他们就是我要等的人。

在国贸大厦麦当劳餐厅。我和轻盈找了个相对安静点的位子，碧云天抱来了可乐、薯条，一大堆吃喝的东西，其中两个草莓冰激凌，是特意给我和轻盈的。轻盈说话时有着北京女子特有的爽快和丰富生动的表情。他们依偎着坐在我的对面，毫不掩饰彼此间的亲昵。

我们是前年 4 月 15 日在网上认识的。那天我偶然进了一个聊天室，看到里面有个人，一边刷屏，一边向网管告状，说有人在聊天室捣乱。我想，这人怎么这样啊，我就说了他两句。他不但没生气，反倒和我聊了起来。他说他 28 岁，问我多大，我说，我比你大，你该叫我姐。后来我们提起第一次聊天的事，他说，都是刷屏惹的祸。

第二天我又去了那个聊天室，他也在，我和他打招呼，他不记得我了。我说他有健忘症，他说是失忆症。这次他告诉我，他是广东茂名的。茂名是海边的一个城市，从广州到他那儿还要坐五个小时的火车。我问他有女朋友吗？他说有。我又问，你女朋友在吗？他挺不客气地说，她要在我哪有空理你啊。还说他正在为女朋友申请 QQ 号，我说，我也没有 QQ。他说，那我也给你申请一个吧。网络有时也真是挺有意思，原本是两个陌生人，打个招呼，感觉能聊到一块，就可以无话不说，很快我和他就熟了。特别是他为我申请了 QQ 号以后，感觉更是一下近了很多。

那几天，每天早晨我看着我丈夫春开车带女儿出了小区，就打开电脑上网找他。当时我和他心情都不好。他的女朋友实际上是他的网友，一个河南女人，和丈夫情感不和，已分居半年多了。他说自己很喜欢她，只是对这份感情没把握。而我当时的婚姻状况也不好。我老公一家原是郊区的农民，自从赶上拆迁，拿了一大笔拆迁款在城里买了房子，还了桑塔纳车的贷款，他和几个发小就好像李自成刚进紫禁城时手下的那伙兄弟，已经兴奋了好一段时间了。那些日子我每天要做的第一件事就是收拾昨晚春和哥们儿喝酒后的残局。而我在拆迁前后心理上却没有这么大的反差，我娘家就在城里，拆迁对我来说，只不过是又回到了我熟悉的城市生活，又住进了楼房而已。我们两口子这些年一直是这样，对很多事情的感受都相差太多，根本没法互相交流。

聊了几次之后，他问我要电话号码，我不想给自己惹上麻烦，所以一直犹豫着没给他。这天我们又在网上聊起了他和那个女人的事，他说他很痛苦，她来电话说老公打了她。我边听边帮他分析他们在一起的可能性到底有多大。他又说，既然她和老公没感情了，她为什么还不离婚呢？我说，很多家庭不是靠感情来维系的，你太理想化了。我问他，你要等她多久？他说，到没有希望为止吧。当时，他这句话让我有些感动，以前总听人说网络无真情，但我觉得他对感情还是挺真诚的。他说，五一假期她要来广东看他，不管以后能不能在一起，这次他都要好好陪她。就在他说完这句话之后，我不知出于什么心理，把手机号给了他。

　　从网上下来之后，我一直在想，人家有女朋友而且就要见面了，我夹在里面算什么呢？他和我聊天只不过是想找个说话的人，我也一样，就当是解闷吧，管人家那么多干吗？那天天气很好，我想该给家人买些换季的衣服了，刚走到楼下，手机响了，是他打过来的。他的声音听起来很柔和，有些像小孩子，长得也像小孩子吧。虽然以前也和别人聊过，但和网友通电话还是第一次。心里多少有点紧张，不过他倒像个老手，不知道和多少女孩子通过电话，嘴巴蜜甜的……

　　轻盈说到这儿，伸手打了身边的他一下，那娇嗔的神情就像热恋中的小女孩。而他什么也不说，就那么笑着看着她。我其实很想多了解一点她当时的婚姻状况，但她那享受的样子，让我不好开口，就让她把最想说的先说出来吧，毕竟那个话题她是绕不过去的。

　　这天中午，孩子她爸回来说，我家对面的商场在招人。那时我已经在家待了七年多了，确实挺闷的。我去参加了面试，第二天就去上班了。刚上班那几天没时间上网，和他打过几次电话。几天后，我们又在网上见面了。他说一直在等我，我说，我不想她把你带走。他说，不会的，我不离开你，除非你不理我了。我说，我像是上辈子欠了你的，总是忘不了你……那天我们说了很多这样的话，下了网之后，心情好久平静不了，奇怪自己怎么会说出那些话来，我问自己，你到底想干什么？这就是网恋吗？我说不清楚，只是想和他聊天，想让他想着我，想听他那些甜言蜜语。这种感觉我已经很久没有过了。

我丈夫春以前开出租车，搬进城里后，一个外企老板包了他的车，每天送老板上下班，那段时间他挺得意的，说话做事，一点也不顾及我的感受，为此，我们经常吵架，甚至动手打架。我始终不能忍受他的自以为是、农民意识，还有他的大男子主义。在家里，从来都是我自己调剂我的精神生活，要不然我会感觉特别压抑，寂寞得像要发疯。我迷恋这种网上恋爱的感觉，也许就是想寻找一种暂时的解脱和心理上的依靠吧。但我从不对别人说自己的婚姻有问题，对他也一样。我只是喜欢和他聊天时的感觉，喜欢有人听我说话。

那些天我专心经营着这份精神恋爱。他教了我好多我以前从来没接触过的东西，让我一个惊喜接着一个惊喜。每天早上送走孩子，就迫不及待地上网找他。下了班跑到网吧发贺卡、写邮件给他晚上看。整个人像只快乐的小鸟飞来飞去，越来越不能没有他。

五一节到了，他的女友去广东找他了。我怎么也没想到我会那么妒忌。那段时间他没上班，也没上网，我每天发一封邮件给他。我工作的商场从开业到"五一"不断地搞酬宾活动，人手不足，经常加班加点。我女儿一直不习惯，毕竟我寸步不离地守了她七年。每天晚上，她都要等我回来才肯睡觉。春那几天正筹划着和哥们儿合伙买下五环外的一处平房，翻盖后出租，每天也是很晚才回来。我不赞成他那么急功近利，可是他根本不听我的。自从买了车有了房，家里的大事从来都是他做主。

虽然每天忙忙碌碌的，但人总是恍恍惚惚，只要一停下手里的活，我就会想他在干什么呢，一定是在和她卿卿我我吧。他一定很得意，根本不会想到我正在想着他。我不知道自己为什么要不停地去想他。那时我已经看过他的照片了，就是现在的样子，一个很普通的男人，也不是很聪明。我反复地想，他到底什么地方吸引我？细心？体贴？善解人意？可是这些同时又属于另一个女人。我劝自己，你不是要找一个精神上的恋人吗，千万不能让他影响了你的生活……

他和她一起过了十几天，这中间他给我打过电话，我都赌气挂断，然后关机。后来他对我说，那是他第一次真正接触女人，但是很失败，因为他根本没有经验。

五一假期结束后，他上班了，我们又开始聊天，感觉又和以前不一样了。一看到他我什么怨气、妒忌都没有了，只是把这几天的思念毫无保留地告诉了他。他说他好为难，不想伤害我们任何一个。从交谈中我越发感到他是个性格温和、与人为善的人。虽然也想过自己有家庭，这样插在他们中间很不道德，但我不想失去他，而且我知道他也喜欢我，心想就为了这份快乐，甘心做他的又一个情人吧。这次聊天，我对他谈到了我的婚姻。

1990年我中专毕业后，到一家位于郊区的酒店工作，酒店的大部分员工都是当地的农民子弟。我和春就是那时认识的。之前我有过一个男朋友，我们的性格太相似，经常吵架，吵到双方家里都烦了。春那时是个老实温和的男孩，一米八的个头，长得挺帅，一次上夜班我发烧了，他照顾我，我开始对他有了感觉。有一天我男朋友喝了酒跑到单位来找我，我提出和他分手。他急了，打我，我一声不响默默地承受着，心想，打完了我们也就彻底完了。当时春是保安，就在玻璃门那儿看着。后来我男朋友走了，春把我送回了家，我想我终于可以好好地谈一次恋爱了。过了几天，那个男孩又喝了酒跑到我家和我妈闹。在我妈的追问下我说出了春，我妈要见他，没想到一见就相中了。可能她是让我以前的男朋友闹怕了，只要我别再给家里添麻烦就行。从那时我和春开始恋爱。

1992年年初，他爸患了脑血栓，病得很重。他家是农民户口，他爸怕我看不上他儿子，一直很疼我。这时他家提出分家，让我和春结婚，给他爸冲喜。就这样我在我妈的眼泪和我爸的怨气下和他结了婚。我爸不愿意看到女儿嫁给一个农民，我让他放心，我说春是个好人。他家只给了我四千元钱和一间不到三十平方米的房子。结婚的喜字是我自己剪的，衣服是我自己买的，家具是借我妈钱买的，就连喜酒钱都是我娘家三个姐姐一个哥哥的份子钱。我一心嫁他，不管娘家人怎么说。我出嫁以后，我妈在家哭了三天……

如果轻盈不说，也许没人会想到被她放弃的那份感情也曾有过这么浪漫而坚定的开始。其实哪个女人在走进婚姻时，面前的人不是自己一心想嫁并打算厮守一生的呢，只是时光无情，一点点磨蚀着最初那至真至纯的爱意，直到消失得无影无踪。

我出嫁后，不愿让娘家人看低了自己，就努力找机会挣钱。1992年年底，我承包了单位的五金店，我母亲在五金行业做过很多年，有很多老关系，我的生意做得挺火。没想到这时，我和春之间却出了问题。他不能接受我能力比他强，不能接受我经常去外地跑生意。有一次他竟然怀疑我和带我跑业务的我妈的一个老朋友有不正当关系，我一气之下，撕碎了结婚证，离家出走了。后来他到哈尔滨把我接了回来。在家人的劝说下，我原谅了他。再后来，家里盖了两层小楼，我开了一家美容店，他又怀疑我和大工好，我赌气回了娘家，把店交给他管，他竟然和店里的小工搞上了，直到那女孩往我家打电话管他要打胎的钱，我才知道……这些年我俩打够了，也吵累了，有了女儿以后，我干脆什么也不干，在家带了七年孩子……

轻盈说的这些，其实几天前我已经从她发给我的她和碧云天的聊天记录上看到过。从那上面看，在她回忆往事的过程中，此时坐在她身边的这个男人只是陆续说了这样几句话："姐……好傻。""给自己一点信心，做自己想做的事。""我能给的都可以给你。"……后来她要下了，他说："去吃点东西。乖乖听话。"就是这么简单的几句话，可对于在婚姻围城里备感冷落的女人来说，却有着极强的杀伤力。

他的那个女网友从广东回河南后，很少再和他联系。晚上每当春和女儿睡了，我就在女儿的房间陪他通宵上网。我们玩游戏、看小说、聊天，他总是最大限度地让我开心，甚至在网上做爱，这是我以前根本不敢想象的。一天睡不了一两个小时，白天还要上班，我累病了，他不许我再上网，每天给我打电话。那些天家里的上网费、电话费猛增，春气得把网线拔了。我处处小心，他还是找碴儿吵架。春的钱进得少出得多，压力大，总在外面喝酒，回来就找我发泄，我不愿意，我们就厮打在一起，像强奸一样。

上网不方便时，我和他每天通电话、发短信，有时只有三个字：我爱你。8月底时他说他大哥在保定接了个工程，他想来保定和大哥一起做。他想见我。当时我挺矛盾，既怕彼此失望，又担心万一见面后感觉特别好，不能理智地把持自己。那些天天气闷热，我心里烦躁，情绪紧张，胃炎都犯了。这时，他打电话说已经上车了，让我去车站接他……

　　她说到这儿，身边一直没怎么说话的他插言说，那天上火车时，当着家人，他买了到保定的车票，而火车到保定时他却没有下车，在车上补了到北京的票，直接来找她了。他说完这句话，轻盈扭头笑着看了他一眼，满眼满脸的得意。

　　那天刚好是周末，特别热，晚上 7 点 20 分，我们在前门地铁站见了面。一见面，先前的紧张、担心全不见了，好像早已认识了很多年。我带他去天安门，去吃全聚德。他说话很慢，但反应很敏捷，我要说什么，他好像都知道。他比网上还细心，总照顾我，问我渴不渴、累不累、想吃什么。他还很爱笑，而且笑起来特别可爱。我给他找了旅馆，让他休息一会儿，他说一点都不困。晚上，我要走了。他久久地抱着我，舍不得放开。

　　他在保定一天工作十几个小时。每天中午吃饭时跑去给我打公用电话，从电话中我听出来他很累，也不太适应。我很惦记他，每到周末就想去看他，匆匆去匆匆回，只能和他待上一两个小时。那些日子我每天魂不守舍，心神不宁，终于引起了老公的怀疑……春查我手机的通话记录，还请朋友调出了我未及时删除的聊天记录。事已至此，我们只好摊牌了。我没想说谎，除了没说碧云天在保定。别的都告诉了他。我知道春多疑、暴躁，告诉他是希望他不要再猜疑下去了。

　　接下来的几天，春每天都要和我谈这事，只要我说的与以前稍有不符，他就会多问好几遍；还把近几个月我外出的情况，从结婚到现在每次吵架的过程都细数一遍。我告诉他我在生活中找不到自己的位置，多年来他忽视我的兴趣爱好，只当我是个高级保姆，我只好对网友诉说内心的孤独。我请他给我时间，让我自己慢慢从这件事中解脱出来，我说，我保证不再和那个男人联系，也请你暂时忘掉这件事，我们都好好想想。

我照常做家务，接送孩子，只是几乎不再说话。可能我的平静、坦白是他不曾想到的，他很恼怒，那天为了一顿饭不合口味，他动手打了我，婆婆怎么都拉不住。我彻底绝望了，既然我的坦白、沉默都不能使他暂时忘掉这件事，甚至加重了他的妒忌与愤怒；我每晚与他谈到天亮，把心里话都说了也换不来他半点的理解。我还能怎么办？

我带着女儿回了娘家。我妈一看我的狼狈样就什么都明白了，她和我爸都坚决反对我和春分居，一天也不许我在娘家住。当时我已经十几天没睡过一个整觉了，只好又拉着女儿摇摇欲坠地回了自己家。接下来发生的一幕我至今无法忘记，每次想起心都会不自觉地抽搐。春见我们娘俩进了门，一把抱住女儿哭着说："孩子，你妈不要我们了。你快去和妈妈说别走！"女儿吓得大哭，他还跑到厨房里拿出菜刀要剁了自己的手向我认错，我用尽了力气才把刀夺过来，他打开房门冲了出去。

我筋疲力尽地躺在床上，女儿用小手帮我擦眼泪。我女儿很聪明，六岁时彩笔画在全国获奖，六岁半参加煤矿文工团话剧演出。这些年这个小人精似的女儿是我不能放弃婚姻的唯一理由。正想着，春又回来了，他带着一脸奇怪的笑，对我说："别想了，怪累的。分居你别想！我丢不起那人。"他拿出在坝上买的蒙古刀，在我眼前晃："不怕死，你就走一个给我看看！该干吗干吗，听到了吗？"他的眼神和他的笑让我出了一身冷汗，不是因为他手里的刀，而是前后不到几个小时，他的态度居然有如此大的反差，让我觉得他那么阴险、恶心。我从没像那会儿那么害怕过，他是不会放过我的，无论我做多大努力，放弃多少我不想放弃的东西，都无法弥合我和他之间的裂痕，以后的日子只会更难过。

傍晚，他开车出去了，我做好晚饭，让女儿和婆婆先吃，自己收拾了几件衣服，带上学历证明，一张定期存单还有女儿的照片，从家里出来了……

刚出事时，我曾经给他打过一次电话，我说，对不起，我爱你，但我无力改变这一切。他在电话那头沉默了好久，我们就那样握着电话，谁也不肯挂断。之后，我没再和他联系，我要解决我和春之间的问题，没精力顾及他。那天从家里出来之后，我第一个想到的是他。

在轻盈的这场婚变中，离家出走是她曲折全程的一个开始。不过，当她对我说起这些时，神情中已有了几分释然，毕竟此刻有人陪在她身边，他的肩膀可以让她随时把自己靠上去。她笑着说，当时我真没想和他怎么样。但心里有一个人，总和没有不一样。

那天我的心一直紧张得要跳出来，就像从战场上下来的逃兵。这是一场打了十年的战争，从这一刻起，我决定逃离战场。我不知道以后等待我的是什么，但我不得不放弃女儿，放弃那个我一手经营起来的家，走上一条我自己选择的注定不平坦的路。

我一整天没吃饭，胃痛得厉害，在出站口看到他时，整个人都像虚脱了一样。他一下子抱住我，吓坏我了。我们在车站附近找了家旅店。他为我倒上热水，铺好被褥，帮我躺下，然后坐在我身边，握着我的手，目不转睛地看着我……就在那儿，我们有了第一次，不过由于紧张和疲惫很快就结束了。后来我在他怀里睡着了。醒来后，他问我下一步怎么办。我说我没地方去，只能来找你。他没说话。我不知道他在想什么，会不会把我当累赘呢？过了一会儿，他说，他想带我回广东，但工程还没做完，现在不能离开。我说我可以住在保定等到工程做完。他抱住我，姐，姐地叫个不停，高兴得像个孩子。

第二天，我换了一家相对干净便宜的招待所。他白天上班，晚上过来陪我。到了第六天，他很晚才回来，说春带着警察到工地找到了他，还查到了我在保定第一晚的旅店住宿登记。我害怕了，这样下去，用不了几天春就能找到我。我知道躲不是办法，但是真不想见到春，怕春对我做出不理智的事，那样对我、对孩子、对他自己都不好。我和他商量马上离开保定，去广东。

那天在北京换车时，下着小雨，去广州的火车要等十来个小时，我让他陪我去了女儿的学校，远远地看了一眼，不知道这一走几时才能回来……后来车缓缓地开动了，我望着窗外慢慢后退的北京，心里有太多复杂的情绪。短短半年时间，我的人生有了巨大的转变，我知道从踏上这辆火车开始，我就无法回头了，除了身边这个男人什么都没有了。

他当时也有顾虑。我们的事已经传到了他家里，他妈对他很不放心。到了茂名，他要带我回家。我不同意，我说，我还没离婚，不能这么不清不白地住进你家。我拿出身上带的钱，让他租了一间小房，先熬过这段日子再说。那边气候适宜，空气也好，房子小得只够放下一张床，我买了些简单的日用品，和他过起了简单而疯狂的生活。我们每天都是快到中午才起床，用简单的炊具做午餐，他做广东菜，我做北方菜，下午出去逛街，晚饭通常吃很便宜的快餐。吃过了就去网吧上网。晚上回到小屋疯狂地亲热，直到筋疲力尽。他把我介绍给他的朋友，在他们面前毫不掩饰对我的疼爱。有时我还赖在床上，他已经把饭做好了，然后把我吻醒，看着我懒洋洋地洗漱，这样的生活是我以前从没有过的。

他有时回家吃饭，每次他妈妈都要说他一通，他也不反驳，吃完饭就跑回来陪我。他妈妈见说不动他，竟自己找上门来了，我们谈完之后。老太太对家里人说，还没见过这样的女人，说她儿子将来一定会被我欺负……

转眼快到十一了，所谓日有所思，夜有所梦，那晚我梦到女儿脸上生了冻疮，身上穿着小时候的红棉袄全是脏渍，我哭又哭不出来。他把我叫醒了，没等到天亮我就给北京我的朋友打电话，她告诉我孩子病了，问我能不能回来。我立即买了当天回北京的机票。

女儿在我妈那儿住着，看到我好像并没有太多的惊喜，反而有些不自然。突然感觉孩子长大了。我的出走对我父母打击很大，他们后悔没留我在家里住，母亲哭得眼睛都发了炎。但他们始终认为是我的错，无论如何不让我离婚，不过最后总算同意了我和春分居。但走到这一步，我已经不想分居了。我知道春不可能再接受我，而且从踏出家门的那一刻我就没想过要回去。我对爸妈说，我不想往回看，因为没希望，而往前看，也没希望，既然都没希望，我宁愿往前看！

那是我最困惑的一段日子，真是一点希望都看不到。婚姻已经支离破碎无法再复合，春能和我好离好散吗？女儿怎么办？没有了工作，自己怎么生活？我父母不会接受他，我和他又怎么办？

一个星期以后，春把我接回家，这是我回来后我们第一次心平气和地坐下来谈。我尽量不激怒他，有选择地把我走后的情况说给他听，请春接受这个事实，结束我们的婚姻。他很伤心，没想到这件事会弄成这样，说自从我走后他一直在找我。那天在车上，看着春一边开车，一边无声地流着泪，我心里百感交集。十年了，如果我们早像现在这样把心里的话都说出来，早一点想到今天的结果，也许不会走到这一步，但现在已经说什么都晚了。又过了一星期，我们开始谈离婚条件。他说，女儿跟他，家里的两台车和价值七十万的房子也归他，走时我拿走八万元存款，他认为我已经拿到了我该得到的。而我的条件是，我什么都不要，但你得承认房产有我一半，并在离婚协议中注明不得转卖；等女儿十八岁以后，我把它赠与女儿，由女儿处理。

就这样，我拿着属于我的一箱东西：几件衣服，几床搬进新居后用不着的被褥，我们的影集，和一纸离婚协议离开了家。一个月以后，他从广东来到了我身边。

轻盈是那种外表看起来很娇弱，但活得挺皮实的女人。现在她又找了一份工作，在郊区租了一间房子住，碧云天来了以后，他们开了一间小音像店。她说，现在留在北京，主要是为了能看到女儿，等女儿再大些，她可能会和他去广东定居。

她还说，她曾经把自己的事贴在了某个论坛上，结果招来了很多非议。不少人说她，为了网恋而放弃婚姻，离开孩子，这样的女人不值得同情。但她说，她与前夫的十年婚姻是很难用一句感情不和就可以诠释的；而现在与他之间的那份默契与温情也是很难用语言来表达清楚的。

听到这儿，我知道轻盈的故事基本上讲完了，我喝着可乐，看着面前的她依偎在碧云天的肩头，抱怨他做饭太好吃，以至于她的身材不如以前好了。看着碧云天为她理理额前乱了的碎发，像是父亲宠着自己不讲理的女儿，我忽然在想，谁能知道呢，或许女人对柔情的渴望将贯穿在长长的一生中的，没有尽头，没有结果。而对于她和碧云天这种境况的恋人来说，他们的亲密，又何尝不是两个孤独生命的本能依恋呢？毕竟虚拟的网络和现实生活是两个世界，一半是海水，一半是火焰，当命运让他们穿梭于两个不同的时空，他们的选择便要经受不同规则的认同和考验，所以他们只有紧紧抓住手中的爱情，用它来抵消所有现实中失去的那些，并从中张望到他们的将来。

　　天色渐晚，我们一起从麦当劳出来，在立交桥下告别，然后向着相反的方向走去，我一边走一边回头，看着他们手拉手越走越远，我不禁在心里这样问：缘分呵缘分，你到底是个什么东西呢？

你的生命如此多情

　　等待晓伊的那个下午，我坐在北戴河海滨的沙滩上，看大海的波涛从远处一波接一波地向岸边涌来，眼前浪花飞溅的海岸犹如一场生命的盛宴，喧嚣中透出几分宁静。

　　晓伊打来电话，她已从秦皇岛赶过来。我离开沙滩，沿着石阶走上公路。一辆出租车在不远处停了下来，身穿红色 T 恤衫，白色棉布裙的晓伊向我走过来，并把她的家人介绍给我，文雅质朴的男士是她的先生，两个十五六岁的漂亮女孩儿，是她的女儿。

　　来之前，我和晓伊通过电话，知道她现在的家是一个再婚家庭，我不免有些担心她的讲述会因为在家人面前有所顾忌而受到影响。晓伊像是看出了我的心思，她说，全家人都喜欢你的专栏，听说你来了，都想来看看你。这时她先生微笑着说，你们谈吧，我带孩子们去海边玩儿。看得出这是个很善解人意的男人，晓伊和他之间有着一种彼此心领神会的默契。

我和晓伊来到了宾馆，房间里清凉幽暗，光影斑驳迷离。我听晓伊述说着她的感情经历。她那轮廓分明的脸上始终闪动着从内心浸润出的光泽。这是个像盛夏果实一般成熟而又充满活力的女人，她坦然地面对过去婚姻的失败，也坦然地享受着今天的幸福时光。和她的交谈，让我觉得做女人是个很有意思的事情，你可以选择面向阳光微笑或是在暗夜里哭泣，而这就看你有着怎样的心态，有没有足够的自信。

记得她和我说的第一段话是："到现在为止我经历了三次婚姻，我希望这是最后一次，别再出现闪失了。毕竟作为一个女人，谁也不愿意这样，有时也是不得已而为之。不过我觉得我自己还是很会调整的，我调整得很好……"

第一次婚姻。如果我有今天的判断能力，我会在开始时选择分手

第一次婚姻，我和第一个丈夫过了十年。

我上学比较早，18岁师范毕业，分配到县中学当英语老师。那时不像现在，在爱情方面很被动。几年以后，同事给我介绍对象，正巧介绍的是我的高中同学。上学时男女生很少说话，但大致情况还是知道一点儿的。他很聪明，身高一米八，16岁考上了大学本科，20岁大学毕业，工作一年后，被单位送到清华大学进修，接着又到国外参加培训……我这个人上进心比较强，很看重男人的才华，而他正是这一点吸引了我。

见面之后，我们的关系就算明确了。那时想得特别简单，一见面，好像事情就这么定了。也不懂得看看是不是合得来，如果不行还可以分手，这些都没想过。

其实在刚相处时，我已经感觉到有些不合适了。他确实很聪明，到现在我还认为他是我认识的人中最有才的，但是他不懂人情世故，为人处世有很多缺陷。我还记得，有一次，他和我去我家，家里有奶奶，我给老人买了些好吃的东西，他为此脸拉得老长，和我闹别扭。如果是现在我会知道这不是我要找的人，我会在开始时就选择和他分手。

就这么别别扭扭地处了一年多，到了该结婚的时候，就稀里糊涂地结了婚。

结婚后，他在外地工作。不在一起时，我还是想他的，感觉需要这么个人。但是他一回来，我们就开始吵架。他没有丝毫的家庭责任感，回家就是想着享受。白天玩台球，晚上打麻将，还得吃好的、喝好的……记得有一次正是大冬天，我上完两节课回来，看到我妈抱着孩子在外屋转悠，而他在里屋睡大觉，还说孩子哭影响了他，我说了他两句，他和我吵，还动手打了我，当时我都要气疯了……

后来，我们都调到了市里，租了个小房安下家来，那一段时间，是我们最好的一段日子。房子小得只能放下一张床，晚上下班回来，我坐在床上批改作业，他打开蜂窝煤炉熬粥炒白菜片……后来，他单位分了房子，我们搬了过去。那边住的都是他单位的人，他独身时的那些坏习惯又都回来了。每天在外面玩到很晚，后来连班儿都不上了，整天打麻将。现在想，其实那时他心里也很苦闷，他学历高、业务精通，但是由于人际关系不好，一直得不到重用，所以人越来越消沉。而我那时却不能理解他，我看不了他那种状态。我自己工作很努力，当时在市教育界已是业务尖子，参加省青年教师大赛获一等奖。我最不能容忍的是男人的不求上进、自甘堕落，我认为我的丈夫不应该是这样的人。

到了1995年，日子实在过不下去了，我提出了离婚。真到离婚时，我们倒不吵了，家里的那点东西相互让来让去的，连法院的人都觉得奇怪，说你们这么好还离什么婚啊。离婚以后，可能都有些不适应，他常来看我，晚了还不想走，我说那不行，离了婚就绝不能再住在一起。三个月以后，开始有人给我们介绍对象，这时孩子不干了，总是哭，加上我婆婆和亲友们都劝我们和好，让别人说的，自己都觉得这婚离得有些草率了，所以半年之后，我们又复婚了。

再次走到一起，多了一个这么大的隔阂，他的心里可能也不平衡……这期间他下了岗，然后去河南搞销售，然后又下岗。一个偶然的机会，我发现他在河南期间有了别的女人，下岗后还和那个女人保持着联系，还去找她。当时整整一星期我几乎没吃东西，起了满嘴的大泡，感觉我和他之间真的是缘分尽了。就这样，到了1998年，我们彻底分手了。

第二次婚姻，给我一种云里雾里的感觉，就像生活在电影里

离婚之后，我辞去公职，应聘了一家私立学校。刚去时压力很大，一切都要从头开始。那时我已拿到了北京外国语大学的本科毕业证。为了提高自己，我又去英国剑桥大学进修了几个月。回来之后，我的教学得到了校方和学生的一致好评。就在这时，我遇到了我的第二个丈夫。这次婚姻给我的感觉就像一场梦，很热烈，但很虚幻……

当时朋友们都帮我张罗对象，但是一直没找到合适的。后来她们把征婚启事上条件好的圈下来，鼓动我和他们联系，我就像开玩笑似的发出了几封信。

一周后我接到了一个陌生男士的电话。他说收到了我的信，感觉我挺优秀的，想和我认识。他是湖北省电视台的主任记者，比我大一岁，离婚两年，有一个小男孩儿。从那之后，我几乎每天都会接到他的电话，每次都要聊很长时间。暑假时，我带孩子参加了学校组织的旅游。每到一个地方，他的电话都会打到宾馆。到了上海，他说上海离武汉也不是很远，你过来一下吧，我很想见到你。其实那时我对他这个人也是很向往的，于是我就过去了。

到了武汉机场，看他第一眼时，我不禁怦然心动，他的风度特别好。另外他也很有才华，高考那年他是家乡的文科状元，北京某名牌大学本科毕业，武汉大学硕士生。我一向自信，但是在他面前感觉自己无论在年龄、学历还是外表上都没有优势。但是他说，他不追求那些表面上的东西，他找的是心灵沟通的伴侣。

在武汉的几天，给我留下了很美好的印象。"十一"放假时，他带着孩子来这边，接我一起去北京玩儿。他那时非常投入，高兴得像个孩子，总说自己真幸福，找到了这么如意的爱人。12月20日，他又来了，向我求婚，我们就注册结婚了。结婚后，他回了武汉，每天都打电话，一个月一千多元钱的电话费。他说他不能没有我，他要过正常的家庭生活。在他的召唤下，放寒假时我辞了职，把房子处理掉，带着行李去了武汉。当时我什么也没多想，就是爱情至上，那段日子过得很浪漫，就像生活在电影里一样。

然而当真的到了一起，才发现生活和我想得并不一样。我是奔着爱情去的，而他对我的感情却好像只停留在电话中。我喜欢孩子，他儿子也很喜欢我，晚上要我陪着睡觉。他对此很无所谓，有时，我们偶尔在一起，夜里孩子这边稍有动静，他就催我快过去。我觉得这有些不正常，毕竟是新婚夫妻。他却说，过日子嘛，还能总有激情？

这时，他的前妻给我打电话，说他们是大学同学，感情基础很好，现在虽然离了婚，但是她还是很爱他。她还经常给他打电话，而他每次接她电话时语气极其温柔，根本就不像离婚的夫妻。

那段时间我活得非常压抑。有天晚上他带我出去，我们喝了很多酒，我心里的委屈一下子爆发了。我说，你爱的不是真实的我，我只是你空虚时的寄托……说这话时，我已经在心里做出了回秦皇岛的决定。走之前，我们认真地谈了一次。我说，让我们都冷静一下，你也好好想想，我和你前妻，你到底更爱谁。我说，你前妻伤了你的心，你可能真想过要用我来取代她，但是恰恰是我的出现，让你们的内心受到了震动，唤醒了你们彼此的留恋，如果你们还相爱，就不要再相互折磨了……

那次我在武汉待了 26 天。回来后，我又回到了原来的学校。"五一"期间，全国英语教师大赛在武汉举行，私立学校老师没有资格参赛，但是我很想去现场感受一下气氛，另外也想去看看他，把事情做个了断。到了武汉，那边的情况又有了变化，他对我很客气，但生疏了很多。他侄女说，我不在的这些天，他前妻已经来家里住了。这次我正式提出了分手。他反倒有些犹豫了，他当初离婚是因为前妻有了外遇，他可能还不想轻易地接受她。他说，等你放暑假再说吧，如果那时我们还想分手，我过去办手续。

就是在我和他约好分手的那个暑假，我一生中最重要的这个人出现了，他就是我现在的先生……

现在和他在一起，我感受到了真正的、实实在在的幸福

我们曾经是同事。他是大学教师，当时正在读博士，这期间被学校高薪聘来做校长。两个月之后，他觉得学校人际关系太复杂，很多想法无法实施，想辞职，这天他来学校交辞呈，董事长不在，而我正在给学生补习英语，他就顺便听了我一节课。平时他给人的印象比较内向、含蓄，但是那天听完我的课，他显得很激动，他对我和学生说，他从没听过这么漂亮的口语，这么精彩的英语课。下课后，他意犹未尽，说他就要离开学校了，问我晚上可不可以和他一起吃饭。

那个晚上，我们聊了很多，他对我是一种欣赏，而我对他则是一种仰视。在这之前，我那位武汉丈夫过来时，他们曾见过一面，是偶然遇上的，我还给他们做了介绍。后来我先生说，这一切都是天意，他在那个学校只干了两个月，好像就是去那里找我去了。他还说就在他和我前夫握手的那一刻，老天就把我从我前夫那儿交到了他的手上。

他的婚姻也很不幸，那时虽然有一个名义上的家，但实际上他们夫妻已经分居四五年了。他老家在东北农村，上学时成绩很优异，但是家庭条件很差，读到初中毕业，考了个师范，毕业后当小学老师。婚事是家里给他安排的，女方没上过几年学，当时他很不情愿，但是没能拗过父母。结婚后，两人在感情上很隔膜，这些年他从一个中专生读到博士，一个重要的原因是以此来逃避不幸的家庭生活。我对他说，你千万不要因为我离婚，我担不起第三者的罪名。他说，和你没关系，只是你的出现，让我有了追求幸福生活的动力。

经过一番周折，他给前妻安排好工作，把房子和东西都留给了她。一个人带着一堆书和我走到了一起。我一向对钱财看得很淡，两次离婚也是什么也没要。我相信只要两个人能相互理解，未来可以去创造。

现在我和他还有我女儿、他的女儿组成了四口之家，我们的家庭气氛非常融洽，我们和孩子们开玩笑，相互叫英文名字。我们曾经约定，就当这两个孩子都是我们亲生的，因为我们是相爱的。有时，我前夫打来电话，我先生接电话时风趣地说，哦，你找咱闺女呵，我给你叫。今年过年时，我以前的婆婆想我了，来家里看我，他忙前忙后地招待老人，我担心他心里不舒服，可他说，离婚这么多年了，婆婆还想着你，不正说明了你的人格魅力吗？

我现在的学校是在他的鼓励下创办的。以前，我曾有过办学的想法，但是凭我个人的力量，不知该怎么做。我们到一起后，他给我搞策划，跑手续，使我实现了多年的梦想。现在正是暑假，很多学生都是家长带着慕名而来，我每天都要讲几个小时的课，每堂课都特别投入，一天下来很累，但是很快乐。

他这个人也很有才华，但我们结合的基础是彼此的理解。我曾问过他：我离过两次婚，人们都会认为这种女人肯定有毛病，你怎么不介意呢？他说，那只是你的经历，不是你的污点，离婚并不说明你这个人不好，是他们两个没福气，对这么好的女人不知道珍惜。

和他在一起的日子给了我与从前完全不同的感觉。第一次婚姻，我每天生活得很压抑、很委屈，第二次婚姻像云里雾里，飘着、不踏实……而现在和他在一起，我感受到的是真实的快乐、实实在在的幸福。

走多远才能看见天堂

　　我喜欢人在旅途的那种漂泊感。火车向着远方飞驰，窗外的风景在不停地变幻。仿佛这么走下去，什么都有可能发生，仿佛这么走下去，远方会有你想要的一切。

　　去温州之前，我还真不知道温州会是这么远。4月2日下午2点我从石家庄上车，到达上海已是第二天上午10点，下午1点又换乘上海至温州的火车，直到夜里11点才抵达温州。

　　一路上，车窗外满眼的碧水青山，偶尔闪过的那些小村庄，白墙乌瓦的两层小楼新旧参差，四周环绕着黄灿灿的油菜花。我这次要去采访的雨平，是个北方女孩，16岁那年她被莫测的命运之手引领到了温州，10年间，她曾多次在这条线路上往返奔波。我在想，每一次，她的感受又是怎样的呢？

　　人往往就是这样，带着梦想上路，又在抵达之后看着梦想破灭，然后是又一次出发……幻想中总有一个希望在前面指引着远行的方向，那将是一个有爱情、有温暖、有理想生活的地方，那将是我们梦的彼岸，然而一个人到底要走多远才能看见天堂呢？

走出温州火车站时，天上正淅淅沥沥地落着小雨，在接站的人中，我看到了那个静静地站在淡灰色雨伞下的女孩，她穿着牛仔裤和白色的毛衫，身材娇小，皮肤细润，外表看起来和那些南方女子没有什么差别，但是我还是在看她第一眼时，就断定她一定是我要找的雨平。因为我从这个女孩身上感觉到了一种与周遭当地人不同的气息，那是从生命深处向外散发着的孤独而忧伤的气息。

那晚，我们一直谈到天明。

我怎么也不会想到，在我 16 岁那年，我的命运会在一个瞬间，被两个罪恶的男人所改变……

我生长在北方的一个乡村，是家里最小的女儿。我们姐妹都比较聪明，只是我的姐姐们都不爱读书，所以小时候我曾说过，我不要和她们一样，我要考大学。如果一切都按照设想的那样，今天我也不会来到这里，我会过着另外一种完全不同的生活。可是，人永远无法预知自己的未来，我怎么也不会想到，在 16 岁那年，我命运的方向会在一个瞬间，被两个罪恶的男人所改变……

那年，我正在读初三，上完晚自习回家的路上，我被两个陌生的男人强暴了。他们无耻地掠走了我的一切。是的，我当时的感受就是我失去了一切，什么也没有了。羞耻和痛苦每天伴随着我，我觉得自己就像一个过街老鼠，害怕所有的人。每个晚上我都哭着从噩梦中惊醒。我不敢和任何人讲，不敢去报警，我害怕从此成为人们谈论和耻笑的对象。我还担心那两个男人可能认识我，可能会说出去。当时心里的压力非常大，超出了我心理承受能力的极限，我唯一想到的是逃走，走得远远的，离开这个带给我耻辱的地方，永远都不要再回来。

我老家那边紧邻煤矿，当时我一个要好的同学，在和矿上的打工仔谈恋爱，因为家里反对，她想和那人私奔。我知道后，决定和他们一起走。于是我同学的男朋友就把他老乡介绍给了我。他比我大9岁，一个很普通的南方人，我当时对他什么感觉也没有，甚至一句话也没和他说，我同学问他："你愿不愿意带她走？"他说："愿意。"于是我一字半句也没留给家里，就跟着他们坐火车来到了温州。

那是我从小第一次出远门。一路上我还是什么也不说，很茫然，听天由命的感觉。不管前方等待着我的是什么，我都认了。

在温州下了火车，又坐汽车，我跟他来到了他家所在的平阳县的一个小镇子上，开始和他一起生活。从北方到南方，从课堂到饭桌，我就如此彻底地割断了自己的过去，没留一丝一毫的余地。

当我静下心来，面对着陌生的环境和一个陌生的男人，我才知道一切都太迟了。一年多之后，我生下了儿子。现在走在外面，还有很多人不相信我已经结婚了，其实我18岁那年，就已经做了母亲。

这里的人经商意识很强，不过也不是所有的人都有经商的本事。你能想到，一个温州人会去北方的煤矿打工吗？干那种又累又脏又危险的活儿，还挣不到多少钱。可我老公做不了别的，只能干这个。我不习惯这边的生活，孩子生下来后，交给婆婆带着，我跟着他回到了北方。他下煤矿，我就和别的家属一样打牌、逛街、做饭，和他从没有更多的交流。

其实在这样的日子里，后悔这两个字，曾经不止千万次地在我脑子里闪过，可是又能怎么样呢？我只能让自己忘掉从前，不去想以后。如果后来没有去石家庄，也许我会一直这样麻木下去，可是现在一切都不一样了……

海走后，我常常一个人哭，我知道自己是个不光彩的第三者，我的爱情是偷来的，可是对他的爱让我欲罢不能

我老公的弟媳在石家庄开发廊，两年前，她那边需要人手，那时我答应过去帮她。我想用这个机会，学学美发技术，将来也有个谋生的手段。到了石家庄，我发现发廊的情况和她说的不一样，只是给顾客洗头、敲背，陪一些熟客聊聊天，经营状况也不是很好。我很失望，可是刚来又不好马上回去，只得先留下来试试。就在这里，我认识了来这里洗头的海。

海看上去是个很质朴、很有安全感的男人。我们聊得挺投机。他知道了我的苦恼后，要给我另外介绍一份工作。到了约好的那天，我以回娘家的名义，去了火车站，等送我的弟媳走了，我又悄悄地从车站出来。海带我去找他的朋友，到了那儿才知道他朋友的生意因为店面纠纷已经做不下去了。海也没料到会是这样，他说，要不你就先跟着我干吧。他能这样让我很感激也很感动，毕竟当时没有太深的交往。

海是做装修行业的，每天骑着摩托车，背着个装满资料的黑挎包穿梭在工地之间，我负责帮他处理一些琐事，不管多晚，他都要把我送回住处。我们在一起做什么都很默契，每天都非常开心。渐渐地，我不可遏制地爱上了他。我欣赏他的成熟、能干，喜欢他的一言一行，一举一动。

自从16岁出事后，我就把自己封闭了起来，从没想过要去爱一个人，包括我的丈夫。可是海把我的生活打乱了，把我的麻木和平静彻底打破了。记得，被海第一次抱在怀里的时候，我的泪水不断地流了下来，压抑在心底多年的痛苦和委屈像暴发的山洪无法控制，我把一切都毫无保留地告诉了海。等我哭够了，他把我抱得更紧了，他说，我不敢对你保证什么，但是我会照顾你的。

　　和海相爱的那些天是我最快乐的日子。我完全忘记了自己是个有家有孩子的女人，我只是个 23 岁的恋爱中的女孩儿，海是我的初恋。海和我在一起时，也摆脱了男人身上的所有负累，像一个单纯的大男孩儿。我们装修过一间酒吧，开业后，我俩经常去那儿，听何静唱"喜欢你，喜欢你，你就带我去飞……"在海的面前，我变回了自己。我和所有的同龄人一样，做着自己喜欢的事，和海在马路上大喊大叫，像疯子一样尽情地唱歌，不安分地跳来跳去。

　　记得去年冬天的一个深夜，海送我回去时，我们和往常一样说笑着，没顾上留意路边的积雪，在平安北大街上，我们摔倒了。摩托车滑出去了好远，我和海被摔到了不同的地方。我站起来向海跑了过去，抱着海说，海，你没事吧？海摸了摸我头上的包说，对不起，让你跟着我受苦了。我哭着说，只要有你，我就不觉得苦。我们拥抱着坐在地上，海说他的头摔成了菠萝，我的头摔成了葡萄，然后我们一起哈哈大笑。至今，我的头上还留着一个深深的印痕，那是我和海在一起的日子里留下的唯一实实在在的东西。

　　和海在一起也有痛苦的时候，那就是不管我们在一起待到多晚，他也要离开我回家，因为他也是个有家的人，而且他妻子还身患重病。海走后，我常常独自流泪，我知道自己是个不光彩的第三者，我的爱情是偷来的，可是对他的爱让我欲罢不能，我经常自欺欺人地想，我只是爱他，我只要每天能看到他，我不奢求他为我离婚，我们的感情不会伤害到任何人。

　　终于，无情的现实还是击醒了我的梦，海的父母知道了我们俩的事，逼他离开我，他妻子到邮局查他的手机通话记录。那些天，海很痛苦，经常喝得大醉，我不忍心看他那么难受，担心他会出事。该来的终归要来，还是我走吧。

海舍不得我走，可他又不忍抛弃有病的妻子。我收拾好行李，望着这个生活了两年的城市，心里充满了不舍。海把我送上车，嘱咐我好好照顾自己，我只是一个劲儿地点头。火车开动了，我又要沿着这条路回到从前的生活，回到没有爱情的婚姻中，难道这才是我的命吗？

如果说十年前的那一刻是一场噩梦的开始，我想，我现在应该结束它，而不能让它再无休止地延续下去了

一路恍惚地回到家里，迎接我的是已经 7 岁的儿子。当我第一眼看到他时，我像是被人当头打了一棒，我真不敢相信眼前这个男孩儿竟会是我的儿子，我的孩子已经这么大了？那一刻我心里的痛悔无法言说。当初那个绝望中的轻率选择，不但害了自己的一生，还把这个无辜的生命带到了人世。我真是恨死了我自己。我对自己说，既然这是你的选择造成的，你就要负责，以后守着家，照顾儿子，什么也不要想了。

和海分开的时间越长，对他的思念就越强烈。想他了，我就跑到街上看来来去去的摩托车，回想和他在一起的点点滴滴。

春节时，外出打工的老公回来了，可是我再也无法接受他。白天，我们一起做家务，串门，一到夜里我就像碰到魔鬼一样躲着他，一下也没让他碰过。有时我也想，不知道海和妻子在一起会怎样，他也许能接受她，但是我做不到，这是一种本能的反应，我说服不了自己。

记得，2 月 10 日晚上，我接到了海的电话，我们和往常一样闲聊着，床那头老公脸色越来越难看，我挂掉电话，他很生气地盯着我，他说，你既然不爱我，那你待在这里干什么，你不用委屈自己，明天一早去你该去的地方。那一夜，我几乎没怎么睡觉，我想他的话也有道理，可是孩子怎么办呢？离开这个家，我又能去哪里呢？

第二天，我给海打电话，告诉他这边发生的事情，海听了以后显得很为难。他让我先租间房子住下来，并说他现在生意不太好，没办法照顾我。这个结果和我预料的一样，可当我亲耳听到还是无法接受。我不等他说完就委屈地挂了电话。

第二天，还是老公说你先留在这儿吧，他走。他又一次外出打工了。我觉得心里很不安，我不该这样对他，可是我爱海，这也是无法改变的事实。

不知为什么，从我对海说了我的处境后，一连几天我再也没接到他的电话。我忍不住给他打过去，可是刚一接通就被挂掉，我一天打几次，每次都是这样。我想他一定是不想接我的电话了，就让他的朋友打电话找他，结果他朋友的电话打过去也被挂掉了。这时，我觉得事情有些不对头，当时心里的感情非常复杂，我不相信海会用这种方式中断我们的关系，再说即使他不爱我了，我也要知道他现在到底怎么了，是不是出了什么事。我又打，还是被挂掉，那几天我整个人处于一种失控状态，工作出错，骑车撞人……终于，我再也无法忍受这种折磨，我决定去石家庄，亲眼看看海到底是怎么了。

我把孩子托付给弟媳，她说，你真是疯了！我心想，疯了就疯了，就让我为爱疯一次吧。当时正是春运，火车票不好买，我花四百多块钱买了张汽车票，上了开往河北的大巴。400多元是我在这边打工一个月的工资，可是我一点都没觉得心疼。一天一夜后，到了石家庄，我用 IC 电话打海的手机，这次总算听到了他的声音。过了一会儿他赶了过来。我才知道前些天他因为酒后驾驶摩托车被行政拘留了，昨天才刚出来，而这期间手机没在他的手里。最初的激动过后，我看出海对我的突然到来好像有些为难，我说，我就是来看看你，只要你好好的，我就放心了。就这样，我又坐当天的大巴返回了温州。两天两夜的旅程，近千元的路费，只是为了看他这一眼。

从石家庄回来后，我发觉自己的心情平静了许多，而这种平静对我来说非常重要，因为我还有许多事情要面对。在这里，我生活得很寂寞，很不快乐，正像你在电话里说的那样，我的根不在这里。如果说十年前的那一刻是一场噩梦的开始，我想，我现在应该结束它，而不能让它再无休止地延续下去了。我老公有时会打电话来，问问孩子怎么样了，我也没再多说什么，他独自在外也不容易，等他回来后，我会好好地和他谈谈，给彼此一个解脱。和海还保持着联络，只是我已经明白我们不可能回到最初的日子，更不会有什么未来。

也许有一天我将又一次上路，但是这次与十年前不一样了，我已经有足够的能力去选择自己未来的生活。我知道改变一种生活需要很大的勇气，我希望我有这个勇气，让一切重新开始……

我拿什么拯救自己

在这个秋日的下午，我在家听一张西藏音乐光碟，浓郁的异族情调在室内流动，仿佛一种质朴而神性的光照进了屋子。我在另一个世界里自由行走，它是那样的神秘而辽远。我喜欢这样的世界，它让这个宁静的下午变得格外空灵。在这样的时刻，我期待着一次思想深处的沟通和交流。有时语言就像翅膀，能让心灵起舞。

这时，安慧如约前来。我为她打开房门，她走进来，很自然地和我拥抱了一下。

安慧，26岁，社会志愿者，业余时间在某社会志愿者组织接听热线，做心理咨询。一年前我们在一次活动中认识，但彼此的交流和了解并不多。前不久，她刚从一场情感的旋涡中抽身出来。这天她对我讲述的就是她的这段情感经历。

或许是出于某种惯性吧，当爱来临时，她无意间又扮演起了拯救者的角色。然而，终于有一天，她发现就在她竭力拯救自己爱的人的同时，自己却变成了扑火的飞蛾，在悲壮的自我牺牲中，已遍体鳞伤。于是她开始去内心寻找力量，并帮助自己走了出来。

她从容地讲述着曾经的幸福、困惑和伤痛，并不时发出舒朗的笑声。流畅的表达让抽象的思想有了一种饱满而温暖的质感。她对内心的体察是那样的细致，她的分析甚至自嘲，都在感染着我，使我在倾听的过程中，几次忍不住打断她的讲述，说出自己的想法。于是在那个下午，我一边听她讲述，一边和她讨论"人如何去面对自己的欲望，善良怎样被利用，欺骗的背后到底隐藏着什么……"这样一些有关人性的善与恶的问题。

在这样一个相互梳理的过程中，似乎有一只看不见的手，把眼前的薄纱一层层地撩起，让你更清晰地看到自己和这个世界，在那一刻，你甚至听到了自己内心所发出的那种生长的声音。

就在我了解了他的那一刹那，我的梦、我的美好感觉结束了，痛苦也就来了。我看到了有很多东西是不好的，但我已经难以自拔

在这之前，我的感情经历很简单，我没有真正谈过恋爱，在志愿者组织做心理咨询时，经常遇到一些感情问题，我帮助别人，更多的是依靠心理学知识和我本身的良好悟性，属于理论比较多，但实践比较缺乏的那种……

我 12 岁离家在外上学，毕业后进入了现在的单位，然后业余时间参加培训，做咨询。在这之前我读过很多书，天性中有一些很豪爽、很大气的东西，但同时对一些细腻的东西特别有感觉。在学校时，我和男孩子们都是好朋友，不过要让我从内心去接受一个人很难。以前年龄小，而且由于从小患有一种慢性疾病，对自己也不是很接受，所以没怎么考虑过这个问题。但是我的生活状态一直还是很阳光的，我住的地方有很多的书，每天醒来我做的第一件事就是打开音响，有我的地方就会有音乐……

这次感情经历，对我的影响很大，它让我明白了很多东西，让我更清晰地面对自己，看到了自己软弱、孤独的一面，也更深刻地了解了人性。

以前我的爱情观受《简·爱》和《荆棘鸟》这类书的影响很深，一直以来，我向往着那种平等、深刻的精神交流，我想在通往未来的路上一定有一个成熟、智慧的男人在等着我。

和良的第一次约会是在夜晚的大街上。是婚介所为我们相互提供的资料。那天晚上，我远远地望过去，在事先约好的地方，有一个男人正在路灯下看书，我觉得很有意思，现在竟然还有这样的人。见面之后，他给我的第一感觉是这人很疲惫、很孤独。然后我们开始聊天。因为都是学心理学的，有很多共同语言。在内心深处，我一向崇拜那种博学多才的，像《白鹿原》中朱先生那样的人，所以他不凡的谈吐、深刻的思想一下子就把我打动了。他33岁，外表并不出色，但有一种沧桑感，而这对我来说比漂亮的外表更有吸引力。

见面之后，我们开始联系。那时我们还都用着呼机，我们把自己写的东西用呼机给对方发过去。我喜欢写散文诗，而他爱写古体诗，诗句有时美得令人震惊。我们彼此欣赏着，但表达的却大多是"情不伤人却自伤，内生怯意"之类的"想要又不敢要"的犹疑矛盾之情，按说我不是这种性格，但我当时不知道问题出在哪儿。

这样过了一段时间，有一天，我们一起去盘龙湖。那一整天我们都快乐得不得了。汽车走在颠簸的土路上，他给我唱红楼梦，当走到平坦的路上，我就唱那种很欢快的歌儿。到了湖边，面对满眼的湖光山色，我们谈了很多，也谈得很深。他作了一首藏头诗，每句的第一个字连起来是"君可知我也"，而我也表露了我对他的感受。就这样，我们相恋的基调就算是奠定了。

回来之后，我们开始了真正的恋爱。在一起时，都是手拉着手，每天都特别快乐，丝毫的不愉快都没有。我是个很丰富的人，有特雅的一面也有特俗的一面，所有这些都能在他那儿得到回应。那时，我们每天都要通十来个电话，早晨，他会用电话叫你起床，晚上睡觉前肯定能接到他的电话，当你想听点儿什么的时候，电话里传来了他为你弹奏的《梁祝》……这些东西对一个女孩子来说确实太有吸引力了(笑)。

其实那时也有过一些不太好的预感，记得我们相互表白时，他说过，你这么好，这么纯洁，肯定能给我带来幸福，但是我恐怕不能，我的经历太复杂……当他说这话时，我只是说："那我们走一段试试吧。"没有多想别的，而他也没再多说。那些天我被一种满心的幸福感包围着，并在其中越陷越深。有一天，我给他留言："面对着从上而下的瀑布，我有一种决绝的感觉，你就是我今生要找的人。"而这时，他可能意识到我已经完全投入地爱上了他，他对我讲起了过去和他真实的现状。以前，他只是说他一个人奋斗过很多年，而这时，他告诉我，他有过很多女人，现在婚姻失败，生意破产，背上了很多债务，正处在人生的最低谷。

我是个责任心很强的人，我想既然我们已经走得很近了，我就要和他一起承担一些东西。我问他，你想不想改变？因为我知道如果一个人他自己不想改变，你就是把自己搭进去也无济于事。他说，我想改。以前他的事业总是大起大落，他的每一次爱情都是轰轰烈烈地开始，然后很惨地结束。他说，我再也不想过以前那种醉生梦死的日子了。我说，那好吧，我帮你。

其实就在我了解了他的那一刹那，我的梦、我的美好感觉结束了，痛苦也就来了。我看到了有很多东西是不好的，但我已经难以自拔。

我对他说，你做过什么我都可以接受，但是若你有了别的女人，那便是我离开你的时候。我说，我是碰了南墙就回头的人

接下来大概七八个月的时间里，我们除了见面，每天晚上都要通一两个小时的电话。他给我讲他的过去，我给他做心理治疗。他很聪明，智商挺高，但是心理年龄很不成熟，停留在大约十几岁的样子。他读书很多，却没能把那些转化成自身的东西。

给别人做心理治疗，是个很痛苦的过程，但是人往往是……当你付出了一定的努力之后，你就不想再轻易地放弃，特别是当你在这个过程中，能看到他在一点点转化的时候。其实从一开始，我就已经感觉到了，我的状态有点像飞蛾扑火，但是那种"救星"的意识影响着我，好像除了拯救他，我不可能有别的选择。现在，当这一切结束了，我才觉出自己那种想法其实很傻的，因为我是在给自己找爱人，适合，就在一起，不适合，就分开，完全没有必要用自己去影响对方，或者要求他为你改变什么。

在那样的一些夜晚，也有一些很美好的东西在吸引着我，那种很深刻的交流，就像两个灵魂在深邃的夜空里牵着手飞翔。在电话的另一端，听他说着，只有你能改变我，只有你能救我。我有一种生命被需要的快感。

那时，他特别惨，记得有一次，在他朋友那儿，我看着他被债务愁得在里屋走来走去，不停地抽烟，我真的很心疼。我劝他，没关系，就当贷款买房子了，早晚会还上的。我尽最大地努力帮他还账，还怪自己力量太薄弱，不能帮他承担更多。

慢慢地我发现他的信心、斗志什么的都回来了，而且他也在积极地解决自己的问题。有时，他突然悟到了一点什么，就赶紧给我打电话，说知道问题出在哪儿了。当时，我就完全沉浸在这样的事情里面了，包括看书，也是看相关内容的书。在我和他的关系中，我更多的是在扮演着一个母亲的角色。

　　那些天我的真实感觉却一直在天堂和地狱间游荡着。有时觉得我们如此相爱，相互的了解、交流如此深刻，再不会有什么问题了，而有时，又觉得我们不可能走得很远。良的家庭背景很好，但是由于从小父亲在外地，母亲对他教育的失误，使他的人格在成长过程中发生了扭曲。虚伪、胆怯、不负责任、在朋友面前耍小聪明、看女人时那种肆无忌惮的眼神、不断地寻求新鲜刺激的东西，这些我都能看出来，但是一般情况下，我不会说出来，他可能以为我很傻（笑）。

　　随着对他了解越多，我的痛苦和矛盾也一天天地增长。以前，在很多年里他的生活中总是同时存在着两个女人，他妻子在和他离婚之前，要不断地和不同的女人斗。我知道自己不是那种生性浪漫、玩得起的人，我需要的是一个稳定的家。我对他说，你做过什么我都可以接受，但是若你有了别的女人，那便是我离开你的时候。我说，我是碰了南墙就回头的人。我说这话时，他不是很相信，他认为他早已套牢了我，我已经离不开他了。

　　当时我的朋友都不看好我和他的事，晓之以理，动之以情，劝我离开他，而我父亲只说了这么一句话："你怎么知道他现在没有别的女人？"父亲这样说时，我很不以为然，因为我们经常见面，不在一起时，他会给我打无数个电话，他在做什么我都知道。再说，我对他一向很包容，我觉得他没必要在我面前说太多的假话。

当有一天早晨，我醒来之后，感觉自己全身是透明的，非常的明澈，我知道我回归了……

那天，是一个戏剧性的电话，让我无意中知道了最不想知道的事情。

我给他打过去电话时，他正在和朋友聊天，不知谁正巧碰了他手机的接听键，电话通了，而他却不知道。于是我听到了一个女人的名字，他说明天和她出去玩儿，他朋友说，那安慧怎么办？接着他又说了他和那个女人的一些事，很详细、很龌龊的一些话。当时，我在电话这边听着，气得浑身发抖。我知道，他旧病复发了。他这种现象在心理学上叫做"强迫性重复"，即使他真的想改，要完全改变也很难。

那天来到了约好见面的地方。他依然是一副很温柔很调皮的表情。我什么也没说，抬手给了他一个耳光，当时就把他给打蒙了。我让他把那女人的电话给我，我给那女人打电话，她说他们是在婚介所认识的。在这之前，我曾经想过，我可能只是他特殊时期的一种特殊需要，因为他那时所需要的力量、信任、支持，在我这儿都得到了，而等他渡过了难关，我们就可能要出问题了。果然，他就是在两个月前刚刚还完了账，初步调整好了精神状态之后，开始和那个女人的来往。

虽然这样的情景曾在心里无数遍预想过，但这一刻真的来了，还是接受不了，毕竟已经有了很深的感情。当时，长安公园门口来往的人很多，我对眼前的一切视而不见，只是哇哇地哭，哭得一塌糊涂。而他还在一旁说了很多伤害我的话。他说是你不思进取，是你没有女人味，才使别的女人得以介入。他还说，也许命中注定的，你用你的生命来拯救我，我重生了，你就该沉沦了……他这人一向如此，不管出了什么问题，他永远都有理由为自己解脱，把责任推给别人。

那天，我哭了一个晚上。第二天早晨，走到大街上，还是哭。那时候，好像思维已经停止转动了，不可能做出什么决定。后来，我给一个好朋友打电话。她是个心理学方面的专家，当时她什么也不说，把我带到她家，让我洗澡，睡觉……后来，她爱人和孩子回来了，那种温馨的居家场景，让我更伤感。不光是在那会儿，以前即使是和他最好的时候，有时我看到这样的场景，我都会哭，因为我心里清楚，他永远都不会给我这些。虽然他也关心我，也照顾我，但他给我的那些都不具备一个婚姻的基础。和他在一起时，除了最初的甜蜜之外，那么长时间里其实我一直处在痛苦之中。我之所以痛苦，是因为你知道这件事情做了以后不会有任何结果，你还在做。何况我一贯自许是一个负责任的人，却在做着一件不负责任的事情，所以我就更痛苦（笑）。

　　那几天几乎是一直在哭。分手已是必然的，我要做的是把自己从这场情感的泥淖中拉出来。我用了很多的方法，给自己做心理治疗，和好朋友聊天，我的朋友对我说：他是个病人。这句话让我开始接受现实。我出去旅游，在大海边为过去的自己安排了一次"葬礼"，让自己从此获得新生……应该说这些方法都有一定的效果，但是往往我的状态刚一调整好就被破坏掉了，那段时间，每隔几天，他就会出现，给我打电话，说他想我了，说他放不下，说没有了我，他就没有自信……每到这时，我心里那些怜悯之类的柔弱的东西又被他抓住了。这么反反复复地持续下来，最后，我真的没办法了，我甚至用刀片割腕，然后给他打电话说，你不可以再害我了。我并不是真想自杀，看着鲜红的血一滴滴流出来，我希望它能唤醒我心里的一些东西……后来，我决定见见那个女人。她是这件事情的导火索，而且她曾经有过婚姻，她看他可能更客观，会对我有所启发。

　　那天，在昏黄的路灯下，两个女人聊了很多。她一直在对我讲良对她的种种好，很多的细节。讲良如何为她戒烟戒酒，她还不时地问我，他会为你这样吗？此情此景，让我几次忍不住想笑出声来，我问自己，你在干什么？在和另一个女人争宠吗？望着黑夜里稀疏的车辆，听着眼前这个陌生的女人陶醉地讲着那个我最熟悉的男人对她的爱，我明白是我全身而退的时候了，这里面的一切已经和我没有关系。那个男人给我的和给她的是一些不一样的东西，但都是我们最需要的，他太了解女人了。而当我听到那个女人说他曾将我割脉的经过出卖给她，以缓和他们的关系时，我感觉到心里有什么东西轰然坍塌了。当时，我一点都不生气，只是觉得这些太可笑、太可怜，我、她还有他，我们每一个人都那么可笑、可怜。

当我真正决定分手的一刹那，我浑身特别轻松，走在大街上，觉得自己的身体一下挺拔了许多。

从这段感情结束，到让自己的生活完全正常起来，我大约用了两个月的时间。在那个过程里，我思考了很多，并和朋友一起探讨人性中隐藏的一些东西。当我半醉半醒或是刚刚醒来的时候，我去捕捉那一刻的感受，然后面对它，解决它，因为潜意识的东西往往是最真实的。而当有一天早晨，我醒来之后，感觉自己全身是透明的，非常的明澈，我知道我回归了……

青春不解红尘

今年 5 月的某一天，我收到了鱼儿的第一封信。

瑞霞：

你好！看了别人的故事，我总想，我应该诉说，应该把压抑在心底的东西倾诉出来，可是我害怕……

你愿意听一个来自四川女孩（应该是女人）的故事吗？在别人看来我是个快乐的、不懂世事的女孩儿，但尘封在记忆深处的痛楚，时时刻刻纠缠着我，让我不安。

如今女儿在四川老家，妈妈养着，在山水相隔的异乡里，一种何处为家的漂泊感让我心痛，我想给女儿一个完整的家，可是……

我现在河北一个小城市的工厂办公室工作，远离喧嚣的日子里，我依然会痛，有人说"爱恨有限"，为什么我却没有一个限度呢？

如果你收到这封信，愿意给我回信吗？愿意倾听吗？

鱼儿的这封信，我反复地读了很多遍，通过字里行间弥漫着的欲说还休的迟疑和忧伤，我猜想着，滚滚红尘中，这个来自异乡的女孩身上一定有过一些不寻常的经历。

于是我给她回信：

当我知道了就在离我不远的地方有一个你这样的川妹子，看起来快乐、单纯，却有着不堪回首的往事，并在往事的阴影里承受着心灵的折磨，我愿意倾听你的诉说，并希望你我之间的交流能使你获得一些心灵的释放，从而慢慢地积蓄起开始新生活的力量……

信发出几天后，我接到了鱼儿的电话。从那之后，我们断断续续地联系了一个多月的时间，在这期间，她的经历渐渐在我眼前浮出了水面。一切正像我预感的那样，曲折、破碎，而且充满戏剧性。然后，毕竟生活不同于演戏，舞台上再纷繁复杂的剧情都可以在帷幕落下的那一刻戛然而止，而生活却是一种经年累月的延续，很多事情发生了，结束了，而它的后果却需要我们用一生的时间来忍耐和承担。

所有的，让我在七年后的今天依然心痛不已的一切，就从那时开始了，而我当时却没有丝毫的警觉……

1995 年，我在四川老家读完了中专，当时我像所有那个年龄的女孩子一样对生活充满了幻想，不甘于小城的平淡，于是我独自来到福州，就读于福州师大中文系。

那时候，我觉得快乐就像挥霍不尽的阳光，生活中的一切都是那么的美丽而新鲜。学业之余，我还顺利地进了一家贸易公司做文秘。所有的，让我在七年后的今天依然心痛不已的一切，就是从那时开始

226

的，而我当时却没有丝毫的警觉……

公司的副经理叫东，从我进公司的那天起，他的眼睛就让我感到不安，也有些反感。半个月后，一个高大帅气的男人来公司找东，他们是老乡，说着我听不懂的闽东话。别人告诉我，那个男人叫清，毕业于福州师大，现在和人合伙带了个工程队。那是我第一次见到清，从那天起，他几乎每天都到公司来，一来就和办公室的每个人打招呼，而我却对他不屑一顾，也不想和他搞得很熟。这时，我无意中发现他常常若有所思地看着我，每当这时，他的表情和平日有很大不同，显得有些忧郁。

很快，他开始了对我的追求，送花、请吃饭、约我看电影，这些都被心高气傲的我拒绝了，不过我心里还是喜欢的，毕竟这些满足了年轻女孩子被人追、被人爱的虚荣心。

这种状况一直持续到年底，那时我在学校和公司之间奔忙着，桌上的鲜花每天都是新的，可我和清的关系却没有什么进展。直到1996年元月6日那天，一件意想不到的事情发生了。

那天，我留在公司加班，整个办公楼只剩下了我和副经理东，快要离开时，东突然像一只发情的野兽一样向我扑过来，企图强暴我，所有的眼泪和挣扎都无济于事，正在我陷入绝望之中时，清及时地出现了，把我解救了出来。东大为恼怒，扬言要对他进行报复。那天，清第一次拉着我的手，在刺骨的海风中，走在福州的街头。

几天后，清被东打伤了，住进了医院。我觉得这一切都是因我而起，所以内心很愧疚。我每天都去看他，在宿舍里炖好汤，给他送到医院。也许是出于感激，也许是真的爱上了他，就在他出院不久，我们恋爱了。他告诉我，他母亲去世早，父亲是个残疾人，他是村里唯一的大学生。春节将至时，在他极其温柔的要求下，我结束了自己的少女时代，从此，我们开始同居，当时，我们像很多热恋中的男女一样认为给爱情找到了一个最好的归宿。

原来所有的一切竟然是一个精心策划的骗局。我倾心所爱的男人，一开始就挖好了陷阱，等着我往下跳

清是个很好的男人，他温柔体贴，每天早晨都做好早餐，看着我吃完后，把我送到学校。家务活儿从不让我动手，我的一些孩子似的任性妄为都能在他那儿得到原谅和包容。在他的呵护下，我每天傻傻地幸福着。

他也有一些怪异的行为，比如，时常偷偷地看我，问我：如果他做了什么对不起我的事，我会不会原谅他。每到这时，他总是欲言又止，把我抱得很紧。夜里，他常梦呓般地抓紧我，喊着："别离开我，别抛下我。"我想，他是太在意我了，才会有这样的恐惧。他有一个加锁的日记本，有时他会偷偷地写着什么，然后又放起来。我从没问过他，我想，该告诉我的，他自然会告诉我。

相爱中的时间过得很快，1996 年 4 月，我怀孕了。那些天，强烈的妊娠反应让我死去活来。我要清去给我买堕胎药，清却舍不得，他说："我们结婚吧，把孩子生下来，我都三十几岁的人了……"可我不想过早地进入婚姻，不想放弃来之不易的大学生活。时间一天天过去了，小生命在肚子里生长着，终于我的憔悴及不安让他心疼了。

端午节那天，正好是我 19 岁生日，那天他一大早就打扮好出去了，让我在家等着他，说要给我一个惊喜。到了中午，蛋糕店送来了生日蛋糕，而他没有回来，黄昏到了，他还是没有回来，我在惶惑焦虑中做着种种猜测，想着他也许像书上写的男人那样知道女友怀孕后逃了，抛弃了我……正在这时，电话响了，是清的朋友打来的，他说，清出了车祸，正在医院……

在我赶往医院的途中，天上下起了小雨，像是一滴滴眼泪，让我有了一种不祥的预感。到了医院，看到清血肉模糊，已经奄奄一息，他的神志却异常清醒，手里死死地抓着一个盒子，见到我后，他凄然地笑笑，把盒子交给我，并用目光示意我打开。那是个精美的锦盒，里面是一只黄金的戒指，还有几粒打胎的药片，我紧紧地抓着他的手，泣不成声。

清进了手术室，这时，他的朋友还有远在宁德老家的父亲、大哥、妹妹都赶来了。等待的过程漫长而残酷，我在心里一遍遍喊着清的名字，我只要他好好地活着，我要嫁给他，生下他的孩子。然而，他还是离开了，那个要做我孩子父亲的人死了。

三天后，我随他父亲去了他的老家。那是个群山环抱的小村子，贫穷而落后，泥巴墙的房子，没通公路，村里不少人家是近亲结婚，还有些媳妇是花钱买来的。清的父亲让清的大哥代替新郎为我举行了当地最隆重的婚礼，我在做了清的新娘的同时也成了他的遗孀。我决定生下他的孩子，为了清，也为了他的家人。

那里的生活很单调，每天吃着粗茶淡饭，我接受着清全家人的照顾，一心一意地等着孩子的出生。

清的遗物也随我回到了小山村，其中也包括那个加锁的日记本。有很多次我想打开它，但每次又打消了这个念头。1996年农历的十一月十六日，离预产期还有几天时，鬼使神差似的，我到底还是打开了那个日记本。上面清楚地记着他认识我的时间、地点，还有他追求我却被我拒绝的情形，他写道，是我的高傲刺伤了他的自尊，也激起了他的征服欲，于是在百般努力没有结果的情况下，他以一万元为条件与东合演了那场"英雄救美"以及被打住院的双簧戏。日记里还有东写下的一万元的收条。

天哪！原来所有的一切竟然是一个精心策划的骗局。我倾心所爱的男人，我敬仰的英雄，一开始就挖好了陷阱，等着我往下跳。他以爱情的名义占有了我，又以爱情的名义离开了我，甚至死后还在操纵着我，让我不惜放弃学业，心甘情愿地为他生孩子。

他简直就是个依附在我身上的恶魔。当时，我甚至没有哭，而是疯了一样拖着笨重的身子往后山上跑。站在崖顶上，我异常平静，我要摆脱这一切，爱情也好，耻辱也好，都将随着生命的消逝而彻底消失。我在寒风中冲着家乡的方向给父母磕了三个头，然后跳了下去……

等我醒来时，发现自己躺在医院里，额头一阵阵疼痛，身边还躺着一个粉嫩的小人儿……

我没有死成，于是我开始绝食，清的父亲和大哥双双向我跪下了，求我原谅死去的清，爱惜自己的身体。

那些天，我像只刺猬一样，尖刻地对待身边所有的人。我甚至把对清的恨转移到女儿身上。

女儿三个多月时，我又一次见到了她，在这之前，一直是清的妹妹在带她。那时，我正要离开那儿。记得那天，邻居家的小女孩，死死地拉着我的衣角说："阿姨，你也要扔下小妹妹吗？你走了，小妹妹就没有妈妈了……"小女孩的妈妈是被人从四川拐卖来的，生下她后，就走了。当时，孩子的这句话，让我一下子哭出了声。我仿佛看到了日后女儿小叫花子一样可怜巴巴的样子，我的心软了下来，孩子是无辜的，我不能让她成为耻辱的殉葬品和愚昧的牺牲品，我生下了她，我要给她好的生活。

我摆脱不了心灵的桎梏，这无形的桎梏，让我成为心灵的囚徒

1997年3月，失踪了两年的我出现在了家门口，母亲老了许多，她从我手里接过女儿时，没问什么，我的苍白和憔悴，让她不忍多问。

我给女儿取名叫"惋儿"。孩子的美丽和娇嫩，让我对她既爱不起来，又恨不起来。我每天被这种矛盾的心理煎熬着，无奈之中我选择了逃离。

我去了深圳，进了宝洁行销公司。紧张而忙碌的工作，让我没有时间去仇恨、去忏悔什么。很快我的业绩在全公司名列前茅，一年多后我被公司提升为业务主管。职场上的顺利，并不能给我带来真正的快乐，也改变不了我遭遇打击后形成的自闭和尖刻。我没有朋友，没有亲人，每天回到租住的小屋里，内心都被悲伤和寂寞填满，于是我学会了喝酒、抽烟，几乎每晚都在酒醉中睡去。

这时，一个有业务往来的男人开始默默地关注我，每次我在酒吧里喝醉了酒，他都会很心疼地把我送回去。有天，他对我说，他想呵护我，他还说他想知道究竟是谁，是什么样的过去让我如此心碎。我无法回答他，我不想让任何人知道我的过去，我不想面对一双探寻的眼睛，于是我离开了深圳。

从一个城市到另一个城市，我逃避的不是别人，而是自己，是不堪回首的过去。逃避的结果让我更加孤独。处处为家，处处不是家，我其实很厌倦这种日子，可每当有人向我表露爱情时，我都会悄悄地隐藏起自己的感情，告诫自己不要陷进去，不要再相信任何男人。然而爱情有时是不受理性控制的，就在去年9月，我在成都认识了生命中的另外一个男人，爱情在不经意间悄悄地降临在了我的身上。

他是个很内秀的人，我和他都是做酒店用品生意的，是竞争对手，却成了很好的朋友。我喜欢他的平和细腻，在寒冷的冬天里，我听他细碎地说着工作上的和他家里的事情，感觉着一种久违了的温情。在一个难得的有阳光的午后，我第一次向他讲起了清，讲起了悦儿。当时，他认真地听着，看着我的眼睛，他说："孩子是无罪的，是天使，你应该庆幸，上天送给了你如此美丽的礼物……"听着他的话，我感觉心里有一些像坚冰似的东西在慢慢地融化。

从那以后我们走得很近，我习惯了每天有他的问候。他总说，你应该有些阳光的东西，你看你多美，体形又好，头发又黑，既聪明又能干。渐渐地，我也就觉得自己真的很美，自信心恢复了，脸上开始有了笑容。

记得有一天，我发烧了，一整天没吃东西，他赶了过来，为我烧了开水，又煮好面条看着我吃下去，洗碗时，他脱下外套，穿着一件大红的毛衣，一边收拾着厨房一边唱歌，孤寂的小屋里瞬间充满了浓浓的家的气氛，我被心底深处升起的温暖感觉击中了，不禁热泪盈眶，就从那一刻起，我发觉我爱上了他……

然而，爱情使我又一次选择了逃离。因为他是个有家庭的人，我们的爱情不可能有结果，而我又害怕再一次受伤。

七年了，我用七年的青春时光来逃避那场噩梦。悲伤一圈圈地扩散着，我在深深地自责里，走过了两千多个日日夜夜。

这次我逃到了北方。这是个宁静的小城，北方的风沙吹黑了我的皮肤，北方的面食，让我增加了体重。我知道这不是我想要的生活，但是我是谁？我该怎么办？远在四川的纯真乖巧的女儿是我最深的牵挂，而眼泪是我在这个干燥的北方春天里的唯一的滋润……

无花的草地

在邯郸市采访的那两天，天儿特别热，我把对小荷的采访安排到了晚上。

见面之前，我已初步了解了她的故事的大概情况，她和一个男人相识了二十年，二十年里他们都把对方放在心里，却始终没有走到一起。

这样的故事，用现代人的眼光看起来也许有几分迂腐，但感情的方式是多种多样的，即使是在被很多人指责为物欲横流的今天，人们对两性情感的理解以及表达的方式也往往有着天壤之别，有人随波逐流，有人依然坚持着什么。

小荷来到宾馆时，我正坐在大堂的沙发上等她，顺便就把那儿当做了采访地点。不想这一坐就是三个多小时，她离开时，夜已经深了。在这期间，我们的交流还曾经一度峰回路转，有些内容超出了我的预料。生活就是这样，一期一会，很多事情无法预演，也不能重新来过。

那天小荷穿着一身浅色的短袖套裙，看上去有些瘦弱。她告诉我，过几天她要做一个妇科手术，医生说她身体条件不好，让她这几天在家好好休息。她说话时，我注意到她的眼睛很像当年的台湾电视剧《星星知我心》里的女主角吴静娴，即使笑着，眼神里也透着几分淡淡的忧郁。

我们唯独没有谈过感情，只因一个比他早认识了一个星期的人

我是 1963 年出生的，60 年代的人可能已经有些老了，特别是在某些观念方面……

80 年代初，我在家乡的县城工作。到了该考虑婚姻的时候，我给自己未来爱人定的标准是——事业上奋发向上，外表上风度翩翩，生活中温柔体贴。在很多人看来，一个县城里想找到这样完美的男人根本是不可能的，可竟然真的让我遇到了。就在和他认识了一年之后，我结婚了，但我嫁的人却不是他。

我本来是不信命的，但有时又不得不信，冥冥之中好像有一只命运之手在操纵着什么。就在我 20 岁那年，经人介绍我认识了我现在的丈夫，而仅隔一个星期就认识了他，然而就是这阴差阳错的一个星期，让我永远失去了我心爱的人。

那时县城里有很多文学青年，在一次聚会上我认识了他。他高大英俊，在一家企业的办公室工作。我们两个人的单位相距甚远，认识之后，几乎每个星期天他都来找我，风雨无阻。我们因文学而相识，以后经常谈论的也是文学。记得那年春天的一个星期天，漫天的黄沙遮天蔽日，他还是来了，一进门，他说：差点把我给刮回去。送他回

去时，望着他远去的背影，我心中不禁一阵感动。我们就这样单纯地接触了一年，谈文学、谈理想、谈逸闻趣事，唯独没有谈过感情，只因一个比他早认识了一个星期的人。

1983 年 8 月他去搞外调，临走那天他把途经的地方画了一张地图，当他用红笔连线后竟是一个"心"形，他脸红红的，不敢抬头，我也隐隐感到了什么，好一阵俩人都不知该说什么，尴尬的空气令人窒息，后来他站起身说：我走了。我像以往那样默默地送他到单位大门口，没说一句话。就这样，失去了唯一一次可以改变生活轨迹的机会。

很多年之后，我看到一个电视剧，里面有这样一个片段：一个农村女孩去相亲，但没有看上那个人，正要离开时，碰到了那人的弟弟，女孩与他认识，弟弟极力替哥哥说好话，女孩脱口说：满嘴都是你哥你哥，怎么不想想自己。我不知故事的结局如何，但听到女孩的话我流泪了，是啊，无论结局如何她毕竟说出了那句话。现在想来当时我们两人都够迂腐的，早认识一个星期又怎样，结了婚还允许离婚呢。

后来我按部就班地和现在的丈夫结了婚，因为当初他就是作为谈婚论嫁的对象认识的。我结婚时，我这个朋友送我一本书，是肖容的《追求》，扉页上用黑体字印着一句话：献给我心中永存的战友！我想，他是因了那句话才买下这本书的吧。

结婚后，他曾到家里来看过我，每次来时都要带上朋友，即使这样，我丈夫也显得有些不高兴，以后他就不再来了。两年后他也娶妻生子，我们各自过着平淡的生活。县城虽小，但我们很少见面。

我们都明白彼此已经没有了爱的权利，生怕话一出口，再也控制不了自己的感情

事情至此似乎已经完结了，然而当一个人一旦在你的心里留下了深刻的烙印，想忘掉真的很难。

就在我们中断联系的那些年里，我对他的思念从没有停止过，我收集他发表的文章，关注着来自他的消息，只是因为女性的矜持，我没向他流露过一句。

1999年3月的一天，我去县政府报表，正巧遇到了他，当时他已调到县委工作，他邀我去他办公室坐坐，后来他又说，出去走走吧。虽然十几年没有了来往，但见了面没有丝毫的生疏。那天来到郊外，初春的寒意尚未褪尽，麦苗正在返青，我们默默地坐着，谁也不说话，体味着心灵之间的那份感应，无言相对也是难得的享受。他第一次握住了我的手，问我：你当时怎么不说出那句话？我问，你怎么不说？他说，怕被你拒绝。他还说，这些年他也在时时关注着我，我发表在省内报刊上的文章，他那里都有。原来十几年间彼此都不曾忘记。

我们边走边谈，坐在一个陡坡下面的麦田埂上，他感叹说：我们都是属兔的，一晃快四十岁了。我说：是兔子你怎么不吃麦苗？他竟然真的拔下一把麦苗放到了嘴里，我抓住他的手，流着泪说：别吃了，别吃了。后来他逞能说：我能把你背到坡上去。看着那么陡峭的坡，我说，我不信。他真的背起我就往上爬，刚爬到半腰，便随着松土一起滚了下来，弄得两人浑身都是土，我说，不上了。他犯起了牛脾气，又背起我，这次他半途中抓住了一棵小树，终于把我背到了坡上，也算聊发了一次少年狂。后来我们常常提起这第一次的亲密接触，只要一提起"吃麦苗"三个字，那情景便立刻像渔民撒开的网一样平展地呈现在眼前。

那天我们谈得很忘情、很尽兴，不知不觉天黑了下来，我有些害怕了，这是我结婚以来第一次没有按时回家，该怎么向爱人解释呢？一路上想了无数个理由又否定了无数个理由，没撒过谎的我把脑袋都想疼了，最后决定如实说。爱人阴沉着脸说：敢情文学不顶饿，还是得回来吃饭啊？

从那次之后，我们又有了联系。那几年里，他由于工作出色，走上了县里的领导岗位。每当在当地的电视新闻上看到那个优秀的，但不属于我的男人，我的心都如钝刀割肉般疼痛。

如果说以前只是一种牵挂的话，那么此时已升至为思念，彼此间的联系多了，我的手机、电脑都是因为他而买的，但通话时我们也只是问问工作、生活。偶尔见面，也是在他的办公室，还是以谈文学为主，依然不敢奢谈感情，因为我们都明白彼此已经没有了爱的权利，生怕话一出口，再也控制不了自己。

有谁相信相恋了近二十年的恋人，在远离家乡千里之外的宾馆单独相处，却是这样的清清白白呢

后来不知是上天要考验我们，还是想成全我们，又给了我们一次近距离接触的机会。

2000年，我下岗后去了上海打工。4月底他去海南考察，办完事，他一路往回走一路给我打电话。当时正值"五一"，我与同事一起去崇明岛玩，直到第三天我回到公司，我们才联系上。他那时已到了武汉。2000年的"五一"节是我国第一次放长假，人很多，他几乎是站了一路才到上海。我把他接到了吴中路的"绿苑"宾馆，进了房间他给我讲他在海南的见闻，送给我一个穿了红线的虎皮斑纹贝，这个贝壳至今还挂在我的梳妆台旁边。

夜幕降临，我们去外面买了些吃的。吃过饭，聊着聊着，他睡着了，我没惊动他，静静地坐在他对面的床上，第一次这么近地看他睡觉，回忆着我们相识以来的一幕幕，不禁悲从中来，他原本该是属于我的呀……睡了一会儿，他醒了，歉意地笑笑，然后意味深长地看了看表，我明白他的意思，站起身说：我该走了。他紧紧拉住我的手，长叹了一声。我说：你为什么来上海？他笑笑说：我想你。我把头埋进他的臂弯：我也想你啊。这时我感觉他的手臂微微向后撤了一下，为了掩饰我们的尴尬，我调侃：柳下惠转世啦。

回去的路上我心里说不出是什么滋味，有谁相信相恋了近二十年的恋人，在远离家乡千里之外的宾馆单独相处，却是这样的清清白白呢。

第二天一早，我穿上漂亮的毛线裙，兴致十足地邀他去游玩，万万没料到他说：我们不能出去，万一碰上家乡人，桦知道了会受伤害的。我知道他是个有责任心的人，但没想到在这样的时刻，他还想着他的妻子。

虽然他这样做让我很扫兴，但我没怨恨他，反而更加敬佩他，觉得他是一个有自制力的男人，做了他妻子的女人是幸运的。我没再说什么，陪他去火车站买了回家的车票。

2001年我随丈夫来了邯郸。他每次来市里开会，总要给我打电话。2002年5月，他送来了他的第二本新书，我像自己出了书一般高兴，给他写了书评，发表在报纸上，他不让我署真名，我便第一次使用了笔名。

我们最近的一次接触是在今年的2月12日，我回家乡办事，给他打电话，他说，我开车带你去玩。在此之前我从不知道他会开车。在车上我说："你知道吗，在这个世界上最爱你的人是我。"他说："还有我老婆。"我有些生气："她爱你是因为她嫁了你，嫁了别人也一样，但我不同，我只爱你。"他踩住刹车，把车停在路边，他说："她是无过错的。我爱你，但我得不到你，我不这样说又能怎样，不说这些了好不好？"我问他，那我们什么时候能心无挂碍地出去旅游一次呢？他说，到六十岁吧，那时我用拐棍拉着你。

那天他一手握着方向盘，另一只手按在我的手上，望着又宽又平的马路，他说："我们就这么一直开下去吧，走到哪里算哪里。"我伤感地说："我巴不得现在就出车祸，与你死在一起。"可是天不遂人意，我们只能又回到现实生活中。

我理解他的选择，男人的肩上背负着太多的东西，他的政治生命，为人子、为人夫、为人父的责任，使他不敢在生活上有任何偏差。虽然我也有些失落，但又想一个男人不应该这样吗？如果他是我的男人呢？所以他这样做，我也尽量配合他，因为我们都有一个稳定的家庭，谁也没想过离婚，如果任感情泛滥，局面将不堪收拾。

小荷的故事似乎讲完了，但她好像还有些意犹未尽，我等待着，终于，她问，人们会相信这样的故事吗？我说，我相信它是真的，但我也相信，你生活得并不幸福。小荷沉默了一会儿，她说，你的感觉很准确。这些年，我一直在遗憾中生活。我不是一个幸福的女人。

这二十年来，我们就这样欲进不能，欲罢不忍，这种伤痛又无处诉说，不知要心痛到什么时候。平时，我总是一遍遍回忆我们在一起时那些很平常的细节，我帮他改书稿，我们坐在写字台两头，偶尔抬起头相视一笑；那次在上海，我们坐在宾馆的床上看上海地图，研究走哪条路去火车站……二十年了值得回忆的事太多太多，越回忆，越痛苦。古诗云：恨不相逢未嫁时。我们当时可都未曾"嫁"呀，为什么要为日后留下这长长的磨难呢？

有时想他了，拨他的手机，拨到最后一位号码再关上。多少次下决心，再也不给他打电话，也不接他的电话，可只要一听到他的声音，纵使心如坚冰，也会马上变得柔情似水。二十几年的感情不是想忘记就能忘记的，一生中能有几个人与你相知相恋二十年呢？

然而我又真不知该怎样评论这份感情，我因为心里有他，这些年一直和丈夫平淡相处，这几年我们甚至连夫妻生活都没有，只是为女儿维持着一个完整的家……

有时我觉得他是正人君子，有时又觉得他很自私，太看重自己的名誉地位，不能为这份感情负责。前些天，他来市里开会，打电话说想见我，让我到宾馆开个房间等他。我没去，只是到他散会时，过去和他说了几句话。我怕他还像以前那样，和我坐在宾馆里说些言不由衷的话，又怕他万一和以前不一样……其实我和他一样的矛盾……

小荷说到这儿，有些自嘲地笑了笑。人生总是充满各种各样的遗憾，其中之一就是当幸福来临时，不能及时地把握，当爱情错过了生长的季节，又不能完全放下。不过事已至此，对于小荷来说，这份感情已是她生命的一部分，已经不是得到或者放下那么简单的事了。也许最好的结局不过如此——相互牵挂，然后各自生活。但从心里，我很想对她说，我们只有这一辈子，为什么不能让自己活得幸福呢？

幸福就是找个温暖的人过一辈子

　　去年圣诞节，在漫天飘舞的大雪中收到了不少祝福的短信，其中我最喜欢好朋友发来的那条："如果有来世，就让我们做一对小小的老鼠吧！笨笨地相爱，呆呆地过日子，傻傻地在一起。即使大雪封山，也可以窝在草堆里，紧紧地抱着……"看到它时，感觉到的是一种温暖——平凡的日子，两个相爱的人过着简单的生活，体验着细细碎碎的内容，在最冷的时候用体温相互温暖。原来爱情可以这么单纯，单纯到可以抵御外界的一切诱惑，甚至根本不理会外面到底发生了什么，只要有身边这个小小的世界，有自己爱着的人儿，就是满心的欢喜和幸福。

　　记得那几天，大雪过后，气温骤然下降，这个城市里很多人家的暖气管却越来越冰凉，这时身边那个温存的怀抱便是世界上最温暖、最让人留恋的地方。这时，才体会到幸福其实很简单，就是找一个温暖的人过一辈子，被爱人温暖着，也用温暖包围着自己爱的人。

很多时候，我们想要的其实并不多，然而，如果有一天，当你发现你身边的生活完全不是你想要的，它连这些最基本的、小小的愿望都满足不了你的时候，我们又该怎么办呢？

春节过后，"惊蛰"的前一天，风很大，天气依然寒冷。下午来上班时，我在报社见到了前来找我的姐姐。她穿一件大红的短款棉衣，衣领袖口点缀着一些不太显眼的皮草装饰，是今年那种颇为流行的款式。她的肤色不是很白，但很有光泽。

在报社采编楼坐下来之后，姐姐好像一时不知说什么，我说起了我对她的印象，说她看上去该是那种生活得很好的女人。姐姐笑笑，摇了摇头，她说，去年她曾给我打过一次电话，也许我已经不记得了，那时她刚刚离婚。

离婚那天是圣诞节的前一天，12月的23日，那天晚上是人们说的"平安夜"。我的婚姻就结束在那天，很平静地结束了。没有要死要活地闹，也没觉得多么难受，只是感到了一种解脱。一段婚姻走到头了，也只能那样了……

姐姐不是那种很善于表达的人，语速比一般女人要慢，叙述的内容也相对简单，但她说出来的每一句话，每一个字，都好像已经在心里放了很久，直到实在放不下了，她才把它们拿了出来。

在外人看来，我们也不是完全过不下去，有房，有车，有孩子，不打不闹，怎么说呢，就是感觉没意思，两个人在一起，就是吃了，喝了，睡觉，没有感情上的交流，没有语言上的沟通……我是比较简单的女人，对生活要求不高，就是过普通老百姓的日子，两个人一块儿关心家，关心孩子，我做饭的时候，他在旁边帮帮忙，要不陪我说说话，两个人商量着过日子呗，可是这些，我根本得不到……

姐姐说这些时，表情很平静，我却有着很多的不理解，为什么他们生活在一个屋檐下，却仿佛两个不相干的人，他们曾经爱过吗？如果相爱过，是什么让他们背离了自己的初衷呢？

我在我家最小，爸妈和姐姐都疼我，所以我的生活能力一直不是很强。正因为这个，结婚前就想找一个关心人、有责任心的人。认识我爱人之前，我有过一个男朋友，人挺好的，就是爱喝酒，而且常常喝醉。有一次他喝多了，还非要送我回家，结果把我送回家，他自己却回不了家了，一个人稀里糊涂地坐车去了外地。和他在一起，我觉得心里太不踏实，就和他分手了。

我是通过我好朋友认识我爱人的。那年我朋友给我介绍对象，介绍的那个男孩是我们原来的同学，而他是那个男孩的朋友。就这么着，那天等于是我和我朋友，那个男同学和他，我们四个人见得面。见面以后，我对那个同学一点儿感觉也没有，就对我朋友说，算了吧。那个男同学也没说什么，可没想到，他却从那会儿注意上了我。几天后，他往我单位打电话，问我，为什么看不上他朋友？还说咱们一块儿出来坐坐吧。后来他就找借口接近我。我姐生孩子，我朋友去看我姐，他也跟着一块儿去。还有一次我在我朋友家里聊天，他打电话，问我在不在，我朋友说，她在。他说，我这就过去。我一听他要来，就先走了。结果我们在楼梯上走了个碰头，他热情地和我打招呼，我也没怎么说话，急忙低头走了。

从那以后，他经常约我，每次不光是叫我，也叫上我朋友。有一次他请我们去他家吃饭。那天给我留下的印象很深。他是家里的独生子，但什么都会做，那天的饭是他一个人做的，很好吃，我朋友笑我——就你吃得最多。他家里也拾掇得很利索。他母亲有病，家务活都是他做的。我觉得我理想中的男人就该是这样的，勤快、懂得照顾家人，而一般独生子都娇生惯养，做不到。从那之后，我们接触多了起来，处了两年就结婚了。

姐姐当初和他的相识相恋，应该是一个不错的开始，两个人都遇到了自己期待的人，然后共同开始所希望的生活，可为什么到后来，日子被他们过成了那样了呢？姐姐说，人会变的。我问，是你变了，还是他变了？她说，都变了，两个人都变了。

离婚这半年里，我也不断地在想，我们的婚姻到底为什么失败，我觉得双方都有责任。

首先这个婚姻让我改变了太多。认识他的时候，我有个还算不错的工作，和他恋爱不久，我下岗了，闲着没事，就去他家帮着收拾家务。他妈得的是肺癌，家里离不了人，他也没嫌我没工作了，也是家里有一定的经济能力吧。

原来我在我妈家，什么也不用我做，上初中时，住校，我同学对我妈说，阿姨，你们家姐姐连自己洗澡都不会。刚来他家，我也是什么都不会，第一次包饺子，还是我爱人教的我。后来，什么都练出来了。记得，那时我刚结婚不久，我妈来看我，我婆婆说中午吃饺子，我妈要去和面，我婆婆说，让姐姐去吧。我妈还觉得奇怪，我们孩子会干啊？

我和我爱人结婚不到一年，我婆婆就去世了。那时我正怀着我们女儿，婆婆去世一个月后，我生下孩子，月子是在我妈家坐的，过完月子，我自己带孩子回了家。我公公见我一个人带孩子太辛苦，从老家找了个人帮我，孩子半岁时，人家走了，孩子又是我一个人带。除了不会给孩子做衣服，别的活儿全是我自己弄。那时没法出去工作，孩子太小，挣点钱还不够雇保姆的，再说把孩子交给外人，又不放心。后来，孩子大了些，我在家也待烦了，想去找个工作。我爱人不愿意，他说自己在外面挺辛苦，我要是找到工作，他回到家就没人照顾了。

我朋友说过，全是你自己把老公惯坏了。说起来就是，我婆婆去世时才52岁，我觉得我老公挺可怜的，二十几岁就没了妈，所以什么也不愿意和他计较。另外我也有一种自卑心理吧，自己不上班，家里的经济来源全靠老公，所以自己把家务做好是应当的。就这样，我每天在家里洗洗刷刷，照看孩子，给老公做饭，家里什么都不用他，他也就什么都不干了。

一晃几年，我在家里扮演的就是一个保姆的角色，很少有机会接触社会，外面的事情知道的也少了。我原来的同学、同事见了我都说，你怎么变得跟个家庭妇女一样了。那几年，你都想象不到，我生孩子的时候，体重160斤，给孩子断奶时，我还140多斤。直到去年一年我瘦了20多斤，才成了现在的样子。

每天我和孩子待在家里，就像笼子里的鸟儿似的，以前我也不是这样的性格，爱说爱笑，身边有不少好朋友，想去哪儿玩就去哪儿，后来局限在小家庭里，朋友也不来往了。我家里也有电脑，这么多年我也就是玩玩游戏，别的什么也不会。几年下来，和社会的距离大了，和我爱人之间的距离也拉大了。

这几年，他的变化比我还大。特别是家里买了车以后，他经常开车出去玩儿，交上了一群有钱的朋友，简直就像是变了一个人。他自己是个工人，不过单位效益还不错，每月有三四千元的收入。以前过得挺知足的，自从有了车，他好像一下子找到了有钱人的感觉，觉得自己有本事了，每天想着挣大钱，看不上普通人的生活，可又干不成大事，每天生活在虚幻的世界里，找不准自己的位置。按我的想法，现在的生活已经不错了，一家人本本分分地过自己的小日子就行了，可他不这么想，他真的变得太多，是本质变了。我们对生活的要求完全不一样了。他经常在外面和那帮朋友吃喝，好像整天和有钱人一起混就能混出什么名堂来。每天都很晚才回家，到家我们也没有话说。他说，在这个家里他没有温暖。我说，你问过我吗？我也没有温暖。真的，我就是觉得家里太冷，一点人气也没有，那个家就是一个空房子……

也许时间真的能改变一切。当初你知道自己想要什么样的人，你也找到了，但是后来这个人有可能完全变成了另外一个人。婚姻就是这样，它可以证明当初的感情，却无法给未来一个永远的保证。妞妞说，终于有一天，她感觉自己的婚姻再也无法进行下去了。这时，她后面的一句话，有些出乎我的意料，因为在这场婚姻里，她应该是被动的，担心被抛弃的一方，然而她却说，离婚是她提出来的。

他身边出现过第三者，但这不是我们离婚的主要原因。那是前年的事儿。那段时间，我明显地感觉他很不对劲，早出晚归，不到半夜不回来，还背着我偷偷打电话。我问他，是不是外面有女人了？他承认了。我说，那我们分手吧。我这人就是这样，如果感情没有了，我还是能够放弃的。可他不同意，可能他觉得在我身上投入的比她要多吧。包括这次，他也是说，再想想吧。可我就是觉得不能过了，真的不能过下去了……

姐姐说到这儿，忽然低下了头，眼泪顺着面颊流了下来。我端起水杯，对她说："来，我们换个位置坐吧，找个更安静的地方。"

我们在一起过了六年，要说没感情，那是不可能的。要是看以前，我不会和他离婚，不做家务，不管孩子，这些都没什么，至少还有些话可以交流，能够沟通，可是后来这两年我们越来越淡漠了。我觉得我心里还有他，但是他的思想，他的一些做法，我跟不上，也认同不了。特别是2003年出了那件事以后，他和我说过，他无论说什么，做什么，那个女孩都支持他，而我不行，好多话他都不敢跟我说，我们的想法根本不一致。也可能是我在家待得太长了，和社会脱节了。我对他说，我们两个人都过得这么痛苦，你不愿意回家，我每天连个说话的人也没有，除了衣食无忧，我几乎没有高兴的时候，没有一点安全感。我们还是分开吧。

因为我的坚持，最后他同意协议离婚。家里的财产我什么也没要，只要了孩子，然后带上我和孩子的东西回了我妈家。我姐说，你头脑一热，就离了，也不想想以后怎么办？作为我来说，就是觉得那不是我要过的日子，只要能走出家门，不该要的就不要了，重要的是要一个好心情吧。当然，离婚以后，心情也不可能一下子就好了，毕竟和他过了这么多年，他一向依靠惯了我，我走了，他也挺可怜的，有时我也惦记他，但总的来说，不像以前那样空虚了……

在离婚这件事上，我挺感激我的父母，他们也没多问什么，只是说，想回家就回来吧。今年过年的时候，我妈给了我三百块钱，非让我拿着去给自己买点什么，我心里特别不好受。已经几年没有工作了，说心里话，重新走向社会真有些胆怯。以前我爱人管得我太宽，我出门他说我会被车撞了，我想去工作，他说我会被老板欺负。弄得我这不敢那不敢。刚离婚时，我真是很不适应。最简单的事也做不好，那天办完离婚手续，打车回我妈家，我的银行卡放在大衣口袋给丢了，我还是给他打的电话，问他怎么办？后来去银行补办时，我骑的电动车，后备箱又被撬了，特别狼狈。现在总算好了一些，因为你不独立你能靠谁啊？

我们离婚，很多人都不理解，他姨特意从老家来劝我们复婚，个人有个人的想法吧，你没有每天在那儿过日子，你怎么知道我那种荒凉的感受呢？我不是不想往前走，我可以去适应社会，去找工作，只是我过不了那种没有温暖、想入非非的日子，我想过自己想要的生活……

我觉得姐姐最后这几句，不只是在说给我听，更像是在说给自己听。对于她来说，做出这个决定很不容易，这在兵法上叫做"置之死地而后生"，不是所有处在原来她那种生活状态里的女人都有这样的勇气。

那个下午，她说到"荒凉"这个字眼时，我想到了圣诞节时收到的那条短信，当"温暖"因为稀少而显得弥足珍贵时，滚滚红尘中，那对小老鼠的幸福，便成了我们这些饮食男女的生活理想。

后记

这一刻，让我们相聚

不是所有的呼唤都没有回应
不是所有的记忆都留给了过去

总有一种温暖把我们包围
总有一种感动让我们落泪

1

去年 11 月份，邢台市文化交流协会副会长毛家华和秘书长杨春广来石家庄和我说起协会想举办"《人生采访》主持人与读者见面会"的打算时，我曾有过一些顾虑。我一直认为《人生采访》由于内容涉及很多个人化的东西从而具有一定的私密性，另外我的生活态度又是以平常心做本分事，无论从哪方面来说，我的工作都不适合过多地渲染和张扬。

后来还是杨春广的一段话打动了我，他说，作为《人生采访》的主持人，你听了那么多别人的喜怒哀乐、悲欢离合，那么你的忧伤和烦恼又由谁来听呢？为什么不让更多的读者来直接面对你，说出他们最想对你说的话，同时也听听你最真实的感受呢？

杨春广曾是我的一篇采访手记里的主人公，就在那篇文章的采访过程中我和他还有他的家人成了朋友。他是个很有坚持精神的人，他的质朴里有一种我无法拒绝的真诚。

2

的确，这几年的时间里，我在那么多人的故事里穿行，分担、分享着他们的痛苦和快乐，很多的时候，我其实像个隐身人，躲在别人的故事后面，我的心境时而苍凉，时而欣悦，许多的悲喜之情都和我的受访人的命运起伏密切相关，而这些除了在采访手记中我曾做过一点不由自主的流露之外，许许多多的感受只是沉重而寂寞地堆积在了我的心上。

于是我接受了这个机会，因为我有太多的话要对我的读者说，我想，我的读者也一定有很多的话要对我说。

3

2月23日的早晨，当那些热情的读者从四面八方走来，有的涌到见面会会场，有的走进了我的房间，当我得知他们中很多人一大早就上路了，甚至还有一些读者是连夜从邯郸、保定、衡水等地赶过来的，当我那么真实地面对着那些苍老的或年轻的面孔，那么真切地感受着他们发自内心的关注和问候，我忽然觉得自己所有想说的话都变得多余了。

你只需凝视一下他们信任的眼神，你就会知道心与心的交融已胜过千言万语。

4

这是一个追逐名利、行色匆匆的时代，现实常让人疲惫不堪，而理想却似乎永远遥不可及。一个个如陀螺一样旋转的日子，每一天的来临都预示着希望和机会，也降临着疯狂和绝望。

在我做《人生采访》之前，我不知道，在这个世界上，有这么多寂寞的心灵在暗夜中独自哭泣，有这么多孤独的灵魂在相互戒备又在渴望互相靠近，于是诉说自己就成了一种有多么简单就有多么困难的表达方式，于是正像一个读者对我说的那样，《人生采访》像一座桥，让有缘的人向这座桥走来，在这座桥上相遇……

5

在邢台的两天里，文化交流协会里的几个搞收藏的朋友向我介绍他们的珍藏时，我忽然想到，我是一个收藏故事的人。

我在收藏故事的同时，也收藏起了故事主人的心情——他们曾经的创伤和破碎，他们现实中的迷惘和焦虑，还有他们情感世界的隐秘。而就是这么一个并不繁杂的倾听与表达的过程，就让很多人在释放自己的同时，得到平静，找回了自信。

从最初的陌生人到今天的好朋友，我了解他们的以前，知道他们的现在。当我那么真实而具体地感知着他们发自内心的快乐和他们对我的支持时，便是我最满足、最幸福的时刻。

6

我知道，在走进我的采访的那些人中，在我的读者中，有很多人曾经属于或者还在属于社会上的弱势群体，但是，他们却往往具有很强的自省意识，他们更愿意审视自己的内心，安抚自己的灵魂，他们更渴望一个改变心态甚至改变命运的机会。他们只需要有人能平等而平静地面对他们，能听他们说。他们其实要的并不多。

所以我还是一个幸运的人，因为我的工作被这么多的人所需要。

7

时光如水过无痕，能留住生命痕迹的或许除了我们的记忆，还有我们的文字，一位读者曾这样说过："它是故事唯一留给时间的证据。"

是的，当所有的喧哗与热烈如繁花落尽，我依然在《人生采访》等着你，我依然还是那个听你说话的人……

图书在版编目(CIP)数据

幸福就是嫁对人 / 杨瑞霞著. – 重庆:重庆出版社,2011.1
ISBN 978-7-229-03161-9

Ⅰ.①幸… Ⅱ.①杨… Ⅲ.①女性—情感—通俗读物 Ⅳ.①B842.6-49

中国版本图书馆 CIP 数据核字(2010)第 217655 号

幸福就是嫁对人
XINGFU JIUSHI JIADUIREN

杨瑞霞　著

出 版 人：罗小卫
策　　划：华章同人
责任编辑：刘学琴
特约编辑：黄卫平　张思伟
责任印制：杨　宁
封面设计：汝果儿

重庆出版集团
重庆出版社　出版
(重庆长江二路 205 号)

三河市宏达印刷有限公司　印刷
重庆出版集团图书发行公司　发行
邮购电话：010-85869375/76/77 转 810
E-MAIL：tougao@alpha-books.com
全国新华书店经销

开本：700mm×1000mm　1/16　印张：16.5　字数：196千
2011年1月第1版　2011年1月第1次印刷
定价：25.00元

如有印装质量问题，请致电023-68706683

版权所有，侵权必究